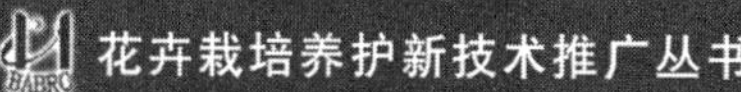

热带兰花

Redailanhua 养花专家解惑答疑

王凤祥 主编

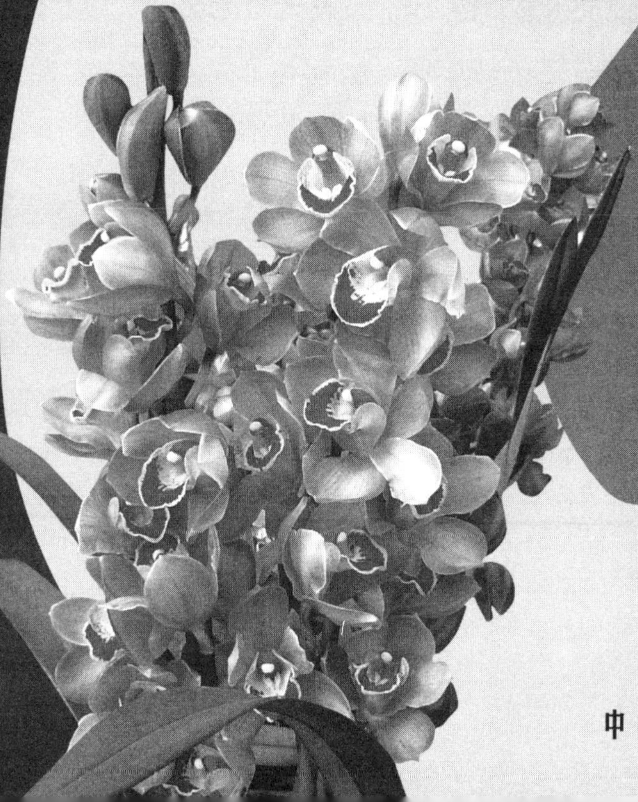

中国林业出版社

《热带兰花·养花专家解惑答疑》分册

| 编写人员 | 高立鹏　王凤祥　张秀海
| 图片摄影 | 佟金成　佟金龙　黄丛林

图书在版编目（CIP）数据

热带兰花养花专家解惑答疑/王凤祥主编.—北京：中国林业出版社，2010.1
(花卉栽培养护新技术推广丛书)
ISBN 978-7-5038-5469-9

Ⅰ.热…　Ⅱ.王…　Ⅲ.兰科－花卉－观赏园艺－问答　Ⅳ.S682.31-44

中国版本图书馆CIP数据核字（2009）第214407号

策划编辑：李　惟　陈英君
责任编辑：陈英君

出　　版：中国林业出版社（100009　北京西城区德内大街刘海胡同7号）
网　　址：www.cfph.com.cn
E-mail：cfphz@public.bta.net.cn
电　　话：(010) 83224477
发　　行：新华书店北京发行所
制　　版：北京美光制版有限公司
印　　刷：北京百善印刷厂
版　　次：2010年1月第1版
印　　次：2010年1月第1次
开　　本：889mm × 1194mm　　1/32
定　　价：16.00元

编辑委员会

总序

农业、农村和农民问题，始终是关系我国经济和社会发展全局的重大问题。在现阶段，党中央提出了建设社会主义新农村的历史任务，这是新时期解决“三农”问题和统筹城乡发展的重大举措。

建设社会主义新农村，保障粮食安全、发展现代农业、增加农民收入、培养新型农民、提高生活质量、完善管理机制的要求十分迫切，对科技提出了全面的需求。尤其是在较长的农业产业链中，从种植到生产、加工、销售等环节，都迫切需要科技的支撑和引领。

花卉业作为一种高效农业产业，在农业及农村经济中的地位也越来越重要。北京市农林科学院北京农业生物技术研究中心组织编辑出版“花卉栽培养护新技术推广丛书”，由工作在花卉生产、研究、教学、应用、管理一线的科研、技术专家以问答的形式，对读者提出的各种问题给予解答，通俗易懂，针对性强。该套丛书的出版，对于普及花卉栽培养护知识、提高花农素质、对花卉产业的发展，对社会主义新农村建设等必将产生积极的推动作用。

《花卉栽培养护新技术推广丛书》编辑委员会

2007年6月22日

前言

花是美好的象征，绿是人类健康的源泉，养花种树是广大人民群众的天赋。改革开放以来，国家昌盛，太平盛世，国富民强，百废俱兴，花卉事业蒸蒸日上。随着人民的经济收入、文化水平的不断提高，城市生态农业与日俱增，花卉展览全年不断，不但日益增多的旅游景区、公园、绿地布置鲜花绿树，家庭小院、阳台、厅室、屋顶也掀起养花种草热潮，花卉已成为日常生活中不可缺少的一部分。城市中大型花卉市场日渐完善，奇花异草不断增多；在农村不仅出现大型花卉生产基地，出口创汇，还出现公司加农户的新型产业结构，自产自销花卉生产专业户更是星罗棋布，打破以往单一生产经济作物的局面，给农民拓宽了致富之路。

为排解热带兰花生产、栽培、养护当中常遇到的问题，由高立鹏编写《热带兰花》分册，王凤祥、张秀海审稿，佟金成、佟金龙、黄丛林提供照片，并在北京农林科学院生物技术中心全体工作人员鼎力支持下完成编撰，在此一并感谢。

本书包括热带兰花综述、大花蕙兰、石斛兰、蝴蝶兰、文心兰、卡特兰、拖鞋兰等几类常见热带兰花，每类概括形态、习性、繁殖、栽培、应用、病虫害防治、杂谈等诸多方面知识。该书语言通俗易懂，不受文化程度限制，适合广大花卉生产者、花卉专业学生、业余花卉栽培爱好者阅读，为专业技术人员提供参考。

作者技术水平有限，难免有不足或错误之处，欢迎广大读者指正。

作者

2009 年 10 月

问题

一 综述篇

二 大花蕙兰篇

三 蝴蝶兰篇

四 卡特兰篇

五 文心兰篇

六 石斛兰篇

七 拖鞋兰篇

一、综 述 篇

1. 世界上有多少种兰花？

答：兰花是一种宿根性的多年生草本花卉。兰科植物种类繁多，全世界约有七百个属，近二万五千种；中国有175个属，1300多个种，其中不少是特有的珍稀品种。兰花花形别致，色彩丰富，衬以轻柔挺拔的绿叶，幽香宜人。真是“坐久不知香在室，开窗时有蝶飞来”之感悟。无怪乎古人赞美兰花是：香、花、叶、韵四全俱美。

兰花依其生态习性分为地生兰、附生兰两种。由于花季不一，我国从炎热的热带雨林到高寒山区，从春到冬，一年四季都有兰花开放。

地生兰，又称中华兰，有着悠久的栽培历史，以清雅素淡的色泽，清醇芳烈的香气，优美碧绿的叶姿，深得人们的钟爱。孔子曰：“兰为王者香”，宋代兰家王贵学曾写道：“世称三友：竹有节而无花，梅有花而无叶，唯兰独并有之”。

附生兰又称热带兰、热带兰花，生长在热带及亚热带的幽谷丛林之中。植株高大，叶片宽圆，高的达数尺，小的不足二三厘米；花径大至七八厘米；小的犹如米粒。色彩极其丰富华贵。别具一格，美不胜收。

兰花全身都是宝，花、叶、根、茎均可入药。美食、酿茶、配酒，色香可人。

2. 热带兰和中国兰有什么区别?

答：(1) 热带兰花期较长：马尔加什的长距风兰，花期从第一年12月到次年2月；危地马拉的大齿瓣兰，花期从第一年的11月至次年的3月；印度的火焰兰，从早春开花一直延续到夏季；贝母兰，花期1～4月；哥伦比亚的希瓦熊谷兰和厄瓜多尔的瘤瓣兰，几乎长年开花不断。

(2) 热带兰的花冠大：苏门答腊的石豆兰，花的直径达10厘米；墨西哥产的竹节兰，花的直径有十几厘米；卡特兰，花冠直径最大达30厘米，十分壮观，被誉称为“热带兰花之王”。

对于热带兰花和国兰的区别，有人用绘画比拟，说热带兰花如同西洋画中各种油画、水彩画、写生画，颜料、画布、绘画风格千变万化，画中的内容更有许多变化。例如被誉为“热带兰花之王”的卡特兰，花朵雍容华贵，辉煌壮丽；而被誉为“热带兰花皇后”的蝴蝶兰，却如一群蹁跹飞舞的蝴蝶，在绿叶丛中起舞。

其实，热带兰花与国兰也有许多相近之处。热带兰花也可以赏叶和闻香。有些品种香气馥郁，远远就能闻到。中国兰有的叶艺，热带兰花也有。热带兰花也有小型品种，近年来迷你热带兰花很受追捧。迷你热带兰花中，由花至盆面的距离小于20厘米的是完全迷你，由叶至盆面的距离不足20厘米的也叫“迷你”。“迷你”有节省空间、易开花的优点，不过装饰作用、养眼程度就没法与大花相比。

3. 中外赏兰有哪些异同?

答：(1) 中国人崇尚“自然美”，把国兰的本来面貌、姿态和长势原原本本地保持于盆具之中，从静感方面欣赏兰花的天然之美。他们认为“浓处味常短，淡中趣独真”，喜爱兰花那种恬淡素雅，清新似水的风韵。因此，千百年来，人们只是发掘和利用自然界中所涌现的各种兰花，而极少用人工去选育或创造脱颖而出的新品种。

在国外，除了日本、韩国、新加坡等少数人，仍保持有中国人赏兰的特点外，以欧美人士为代表的赏兰观点截然不同，他们大多着重于表现和满足自我，喜爱五彩纷呈、鲜艳夺目的热带兰花。故欧美人士对中国兰花的兴趣不浓。

(2) 中国人以“陶冶情操，培养美德”为赏兰的出发点和归宿。中国古诗云：“虽无艳色如娇女，自有幽香似德人。”把兰花视为“德花”，要养德就得养兰，养兰更能养德。有些自命清高之士，平生只爱兰花一种，每当兰花一开，其它一切美色都不屑一顾。曾是“扬州八怪”之一的郑板桥，平生只爱画竹与画兰，他最为赏识兰花的幽洁品质。他才名满天下，却从不趋炎附势，妄取利禄。近代，国兰在民间的影响仍然非常深远。张学良将军被囚禁了数十个春秋，年逾9旬时，仍常与夫人赵四小姐一起养兰赏兰。他曾对记者说：“兰是花中的君子，其香也淡，其姿也雅，正因为如此，我觉得兰的境界幽远，不但我喜欢，内子也很喜欢”。他在家里种国兰200多盆，岁岁青翠，年年绽花。

但在国外人们却极少把赏花同意识形态相联系，他们认为赏花乃是视觉对优美事物的一种享受，无须自我约束，也不必借花来寻求思想上的疏导。

(3) 在中国，真正喜爱兰花的人，大多是养兰与赏兰相结合，他们经常亲自栽培管理，有时还上山采集野生种，通过自己的辛勤劳动来品味兰花之美，求得深入实践之乐。

而西方人士由于生活节奏紧张，多数人在花店买回切花瓶插，花期一过就弃之不顾。而中国兰花在国内外均极少作切花出售，外国人家庭盆栽国兰者亦甚少。

4. 热带兰的形态特征是什么?

答：热带兰在植物分类学上均属于兰科植物，按生活形态可划分为附生兰和地生兰两大类型。附生兰是指植物体以气根附着于树干上或岩石上生长的种类，如卡特兰、蝴蝶兰、大花蕙兰、石斛兰和万代兰等。而地生兰则是指植物体生长于富含有机质的土壤中的兰花，如兜兰和鹤顶兰等。热带兰如同其它植物一样，植物体均由根、茎、叶、花、果和种子构成，共同去完成各阶段的生长发育任务。

5. 热带兰的根有哪些特点？

答：热带兰的根，不论是气生根或地生根，均为粗大的肉质，一般为圆柱形或扁圆形，通常外表呈白色者为根被，具有保护根内组织、吸附固定以及吸水和从空气中汲取养分的作用。根尖呈绿色部分(附生兰)或褐色部分(地生兰)为根冠，它除了有吸收作用外，还具有伸长生长和制造养分的能力。根冠对外界的干扰极为敏感，若人为碰触、接触过浓的肥料或农药，均易受伤害。根肉层由12～15层充满水分或空气的细胞组成，具有吸水作用和贮水功能，并兼备防干旱和保护的作用。根的最内层为中心柱，是十分强韧的组织，有固定植物体的功能。

有许多热带兰的根组织内，存在着一种根菌与之共生，这种兰菌以菌丝侵入到根内部后，逐渐被分解而消化，所含养分被兰株的根细胞吸收，供热带兰花生长。这种根菌共生的现象对附生兰的气生根从空气中吸取养分非常重要，由于气生根在空气中无法直接吸收养分，只有依靠这些根菌固定空气中的氮后，再消化吸收根菌含氮的养料，其效果与豆科植物的根瘤可固定空气中的氮供给植物生长的情形类似。此外，兰科植物的种子，仅有胚而无供种子萌发生长的养分——胚乳，在自然界如无这些根菌入侵，把所含的养分供给胚，兰苗便不能萌发生长。

6. 热带兰的茎有哪些特点？

答：在形态学上，热带兰的茎可划分为合轴型和单轴型两大类。合轴型热带兰是指其茎(主轴)的生长有限，它的伸长生长是靠每年由侧芽发出的新侧枝(侧轴)不断重复产生的许多侧茎连接而成，如卡特兰、大花蕙兰、兜兰和石斛兰等；单轴型热带兰则指其主茎(主轴)的伸长生长，是顶芽不断生长的结果，如万代兰、蝴蝶兰和火焰兰等。

热带兰的茎犹如一根支柱，起到支撑叶片和花序以及输送水分和养分的作用。一些具有贮藏水分和养分功能的膨大茎称为假鳞茎，如卡特兰、石豆兰和石斛兰等。相反，万代兰的茎长而木质化，其水分和养分的贮藏就全靠肥厚的叶片了。此外，蝴蝶兰和兜兰的茎很短，极易因人为伤害和病虫害而损伤，影响日后的正常生长和开花。故栽种时要注意保护，保证其茎不受损害。

7. 热带兰的叶有哪些特点？

答：热带兰的叶也依种类的不同而有各种变化，如棒叶凤蝶兰的叶呈圆柱状，卡特兰的叶为椭圆状，蝴蝶兰的叶片肉质呈宽卵圆状等。通常生长在阳光充足地方的种类，叶片多呈硬革质和黄绿色，而生长在阳光不足的阴处的种类，叶片宽大而柔软，叶色浓绿。所以我们可依叶片的质地、形状和叶色来判断这株热带兰所需的光照量，以便栽培时合理遮光，使其正常生长。热带兰的叶片由上表皮、叶肉和下表皮共同构成，其叶肉组织不像其它植物，有明显的栅状和海绵组织，而是由含有叶绿素的细胞紧密排列而成，很少有细胞间隙。表皮是由不含叶绿素的小型细胞密集排列结合而成，其外侧尚有一层角质化的保护物质。有些种类的表皮组织肥厚而饱含水分，可以耐高温和强光的照射，耐旱性较强。下表皮颜色较上表皮浅，呈淡绿色或黄绿色，分布有众多气孔，以调节水分蒸腾以及氧气和二氧化碳的交换。有很多种类热带兰叶片的气孔白天关闭，直到晚上才打开，吸入二氧化碳和放出氧气，进行景天酸代谢(CAM)，以节省水分，保持日间进行光合作用所需。这类景天酸代谢型的热带兰，如同多肉植物一样，有极强的耐旱力，在强光的环境下生长而无所畏惧。如东南亚广泛栽培的千代兰类切花，就是栽种在全日照的强光下，以促进其多开花和开好花。

8. 热带兰的花有哪些特点？

答：热带兰的花是观赏的重点。花朵的大小依种类的不同差异很大。如卡特兰，单朵花直径可达18厘米；而鸟舌兰，花朵的大小只有0.5厘米。至于花色方面，更是绚丽多彩，除了真正的黑色没有之外，自然界几乎所有的色彩都有，从纯白、黄、橙、朱红、粉红至绿、紫、天蓝等等应有尽有。 热带兰花朵的构造，如同其它兰科植物一样，每朵花均由以下各部分构成。

(1) 花瓣：一般为3片，位于内轮，两侧对称的一对称为花瓣，位于中央下方，外形有异于两侧花瓣者称为唇瓣。唇瓣的形状千变万化，有似喇叭状的，如鹤顶兰紫红色的唇瓣；有似少女的裙子的，如文心兰黄色的唇瓣；有似一个兜或袋的，如兜兰。唇瓣是兰花花朵的主要特色部位，其千姿百态的外形，丰富绚丽的色彩，是吸引昆虫传粉的主要器官。

(2) 花萼：一般呈花瓣化，外形与花瓣相似，同样有美丽的色彩。特别是万代兰、兜兰的一些品种，其花萼比花瓣更发达和更美丽，形成观赏的主要对象。花萼一般为3片，位于花瓣的外轮，在花蕾期包裹着花瓣起保护的作用。位于上部者称为上萼片，位于两侧者称为侧萼片。

(3) 蕊柱：又称为合蕊柱，是一条由雄蕊和雌蕊共同结合构成的生殖器官。它位于花的中央，唇瓣的上部，由1枚雄蕊、1个柱头和1个蕊喙共同组成。合蕊柱顶端为花药，内含1个“丁”字形花粉块于药床之中，由1枚称为药帽的器官所覆盖。另外，在花药的下方有一凹槽，里面充满黏液，以黏住昆虫带来的花粉块，从而达到受精的目的。

9. 热带兰的果有哪些特点?

答：热带兰的果在植物学上称为蒴果，一般为长条形或卵形，顶端多留有宿存的蕊柱。果外表常有棱，内含极多细小如尘的种子，如卡特兰1个果可含100万～150万粒种子，即使是一般热带兰的1个果也有10万～30万粒种子。蒴果成熟时自动开裂，将细小的种子弹出，随风传播。在人工栽培环境下，能自然萌发的种子十分稀少，故只能采用试管内无菌播种的方法才能获得一定数量的小苗。

10. 热带兰的种子有哪些特点?

答：热带兰的种子细小如尘，大小长度仅为0.1～1mm，宽仅为0.05～0.5mm，由1～2层细胞形成的种皮包裹着黄绿色或黄褐色、呈椭圆形未成熟的胚1个。由于胚不含胚乳，若无共生真菌或人工配制的发芽培养基提供的养料，则无法萌芽生长。因此，由蒴果成熟开裂自然散播出去的种子极少能够萌发存活，只有少数能随风飘至树皮或岩缝中，并得到与其共生的真菌滋养，才能发芽生长，生枝长叶。

11. 我们通常所说的五大类热带兰花指什么？它们都有哪些特性？

答：五大类热带兰花分别是大花蕙兰(*Cymbidium*)、石斛属(*Dendrobium*)、蝴蝶兰属（*Phalaenopsis*）、文心兰属(*Oncidium*)、卡特兰属(*Cattleya*)。

(1) 大花蕙兰(*Cymbidium*)。

大花蕙兰的亲本原生种大多分布于喜马拉雅山东段，横断山脉南段至中南半岛的印度洋季风区。海拔在1000～3000米。这个地区的最大特点是有干湿季，亦即冬季干旱寒冷但无霜冻，夏季温暖湿润但不炎热。因此，在栽培大花蕙兰时，冬季要防止霜冻，一般夜间温度在5～10℃为宜，低于5℃也能忍受，但不可受冻。

(2) 石斛属(*Dendrobium*)。

石斛属全部是附生兰，生于树上或岩石上。茎直立或悬垂，直立的可用盆栽，悬垂的则须用吊栽。一般较易栽培，通常比一般的热带兰更能耐高温。对于水分的要求较高，也需较多的光照，特别是在生长季节。大多数热带种类冬季温度不得低于15℃，只有少数亚热带或山地种类可耐15℃以下低温，但也不得低于10℃。

(3) 蝴蝶兰属(*Phalaenopsis*)。

蝴蝶兰花姿如蝴蝶飞舞而得名。蝴蝶兰属绝大多数种类都分布于热带地区，特别是大花的种类，只有极少数种类可到达中国西部的亚热带地区。在栽培时尤其应当注意保持暖和、湿润的环境。最适宜的温度是18～30℃。昼夜要有温差，通常温差在10℃左右。如果温度低于15℃的时间太长，根的生长会受到影响，叶会变黄脱落；反之，长时间处于33℃以上也有害处。最适宜的夜间温度是18～21℃，幼苗可以略高一些(23℃)，白昼以28℃左右为最理想，最好不要低于25℃。此外，蝴蝶兰喜弱光，切忌强光照射，以免灼伤叶子，尤其是幼苗，但开花植株可适当增强光照。通风和排水也很重要，否则会引起烂根。

(4) 文心兰属(*Oncidium*)。

此属也称舞女花属或金蝶兰属。附生兰或地生兰。假鳞茎大或小，基部为二列排列的鞘所包蔽，顶端生1～2枚叶。叶扁平或圆筒状，革质、肉质至膜质。花序自假鳞茎基部发出，通常大型、分枝，具多数花；花常为黄色或金黄色，具先端二裂的唇瓣。全属约有400个野生种，分布于中美洲和南美洲的热带和亚热带地区。文心兰属植物喜潮湿，需要一定程度的遮荫，根部需要常浇水。通常可用盆栽。冬季温度一般不低于12～15℃，但有些亚热带种类可耐12℃以下的低温，但不可受霜冻。

(5) 卡特兰属(*Cattleya*)。

此属也称卡特利亚兰属或嘉德利亚兰属。附生兰。茎通常膨大成假鳞茎状，顶端具1～2枚叶。叶革质或肉质。花单朵或数朵排成总状花序，生于假鳞茎顶端，通常大而艳丽，是兰科植物中花朵最大的类型之一，直径可达10～15厘米。全属有50种，分布于中美洲至南美洲热带地区。

卡特兰属植物均生于树上或岩石上，喜温暖、潮湿和较多的阳光。冬季温度不低于12～15℃，夏季也不宜高温。生长季节需要非常丰富的水分，但忌排水不畅和通风不佳。

12. 兰花作为各国国花的情况如何？

答：一个国家的标志除了有国旗、国徽、国歌以外，许多国家还评选或确定了国树、国鸟和国花。据不完全统计，到2002年底，全世界240多个国家中已有93个国家确定了国花。选取3种花作为国花的有3个国家(英国，意大利，印度)，用2种花作为国花的有8个国家(朝鲜，斯里兰卡，捷克，乌拉圭，芬兰，墨西哥，瑞典，法国)，其余都是1种国花。选中最多的3种花依次是：兰花11国，玫瑰9国，莲花8国。世界各国的花卉协会中以国家级的兰花协会为最多，从1954年起每隔3年召开一次世界兰花大会，到2008年已是第19届。这些都说明在所有的花卉中兰花受到世界各国人民广泛喜爱。

已经选用兰花作为国花的11个国家是：

缅甸：东亚兰(兰科兰属)；斯里兰卡：兰花与荷花；新加坡：卓锦万代兰(西班牙女园艺家名)（兰科万代兰属）；肯尼亚：肯山兰；塞舌尔共和国：凤尾兰（兰科凤兰属）；厄瓜多尔：白花修女兰（兰科白花兰属）；哥伦比亚；卡特莱兰花（兰科卡特莱兰属）；委内瑞拉：五月兰

（卡特莱兰花之一种，委内瑞拉号称兰花之国）；哥斯达黎加：紫兰（兰科卡特莱兰花之一种）；巴拿马：鸽子兰花（兰科鸽兰属）；巴西：毛蟹爪兰。

兰花在我国已有2000多年的历史，被称为“国香”，“王者香”，“天下第一香”。历来梅、兰、竹、菊并称为花中四君子。我国在民国时期曾首次确定梅花作为国花。中华人民共和国成立后，曾在90年代进行了一次国花评选的民意调查，结果以牡丹和梅花的票数相差不多而未能确定。兰花在1987年，1988年和1996年3次入选中国十大名花。作为国家名片，中华人民共和国前后发行了2套有关兰花的邮票。其中T129中国兰花4枚票，分别为‘大一品’，‘龙字’，‘大凤尾’和‘银边墨兰’；一枚小型张为：‘红莲瓣’。2001-18兜兰4枚邮票是麻栗坡兜兰，长瓣兜兰，虎斑兜兰’，卷萼兜兰和1枚小全张。

13. 热带兰的栽培历史有多久？

答：同国兰相比，热带兰花的栽培历史很短。1737年，瑞典植物学家林奈首创了植物分类法，初步把兰花分为8个属21种。1759年，英国在伦敦成立了皇家植物园，对100多种热带兰花进行栽培试验。

1818年英国一位名叫威廉·卡特利亚的园艺家，收到巴西朋友寄来的一箱礼物，里面用一些干枯的植物填塞空隙，他发现其中有几株植物的茎叶长得异常奇特，于是就把它洗净放入水里，谁料不久叶片的颜色就由黄变青，恢复了生机。于是，他就把它种在花盆里，经过1年多的护理，终于开出了非常艳丽的花朵。之后，植物学家约翰·林德莱博士认为这种热带兰花乃属威廉·卡特利亚所发现，为了纪念他的功劳，遂将它命名为“卡特利亚兰”。1838年热带兰花进入美国，继而又在荷兰试种，并引起了东南亚各国的注意，新加坡人特别喜爱“胡姬花”(即热带兰花)，许多花商积极投产经营。马来西亚也对热带兰花实行优惠政策，鼓励花商发展热带兰花。泰国，也加入到开发热带兰花的行列，政府还拨款支持2800多个花场进行以石斛兰为主的热带兰花生产，经过40多年的努力，一跃成为热带兰花出口大国。

日本也采用现代设施来栽培热带兰花。近年，韩国所生产的大花蕙兰也能大量出口。我国的花卉业起步较晚，对热带兰花也正在加紧开发。据报道，目前全世界生产和经营热带兰花的共有86个国家和地区。热带兰花的经营现已形成了一个新兴的朝阳产业。

目前，我们知道全世界的兰花共有25000种，其中约有6000种被种养在植物园、兰园和个体养兰爱好者处。我们常见的品种约有1000种，其中的几百种是园艺品种的基础。另外，在西方，从1856年英国园丁约翰多米尼第一个培育出了杂交兰种开始，人们已陆续培育出了50000多个兰花杂交品种，当然其中也只有很少一部分被广为栽种，但一些品种尤其是杂交蝴蝶兰却广泛地见诸于世界各地。

14. 热带兰的现状如何？

答：热带兰花的产品主要是盆花、切花、种苗。各国因国情和商情的不同，经营的种类和做法各有差异。现今世界上生产热带兰花的大国有美、英、德、日、泰、荷、韩等国。尤以美国的热带兰花供求量最大，既出口也有进口，全美9200多家花木公司，约有一半在做热带兰花生意，其中以加利福尼亚州为最大，单专营公司就有230多家。以“花卉王国”著称的荷兰，1999年销往各国的热带兰花价值达4.3亿美元。据联合国资料，近10年来，全世界热带兰花的年销售额为20亿至30亿美元。欧美各国的热带兰花产业皆以8%～10%的速度增长，纯利润率约为30%～50%，高的达100%～200%。

许多国家对拓展热带兰花产业都从政策上给予支持。泰国对热带兰花用地均实施降低地价和地租的优惠。肯尼亚免税5年。荷兰立法对花卉的运输随到随运，拨专款，指定博士级的主持人，分期分批逐项逐段予以实施。哥伦比亚为了鼓励选育大花卡特兰，曾先后拨出科研专款580万美元，对取得成果者给予重赏。

由于热带兰花是高、中档花卉，美、法、意等国均采用高新技术生产热带兰花，按照热带兰花的生长规律调节水、肥、光、温等生产条件，以适应市场需要。为了造就拳头产品，各花场、企业大多实行规模化、专业化生产，有的只栽培蝴蝶兰的一种，有的只经营大花蕙兰。

15. 组培技术是何时应用于热带兰花生产的？

答：19世纪60年代早期，法国科学家首次把组培技术用于兰花繁殖。1966年，第一株分生无性系兰花在美国培育成功，开出艳丽的花朵。1982年，英国用种子繁殖和组培技术生产出口兰花鲜切花2吨。过去用1000多英镑才能买到的名贵兰花，现在只付10英镑即可。在一般的小花店里，1英镑便可以买到一束兰花切花。

目前，欧美地区、日本、韩国、我国台湾等地都有“兰花医院”，备有先进的设备、器械、药物、代养种植场，并有全套的快邮服务体系。

16. 热带兰花主要分布在哪些国家？

答：绝大多数热带兰花的故乡是在赤道中心和南北回归线附近的热带、亚热带地区。在亚洲分布的有泰国、印度尼西亚、缅甸、新加坡、菲律宾、马来西亚，中国南方和喜马拉雅山南部等。大洋洲有巴布亚新几内亚，在美洲分布的有巴西、秘鲁、墨西哥、巴拉圭、厄瓜多尔等。在非洲则主要分布于马达加斯加岛和南非等国。这些热带兰花只能适应温暖的气候，普遍缺乏耐寒力，如果没有温室设备，就难以移植到温带地区进行露地栽培。故不少专家曾把热带兰花家族泛称之为“热带兰花”。

17. 世界收集兰花最多的地方是哪里？各地养兰有什么差异？

答：目前全世界收集兰花最多的地方，当数英国的邱园，共收集370个属的5000多个兰花种。

我国以地生兰为主，有春兰、蕙兰、建兰，福建人认为兰花是建兰，广东人认为兰花是指墨兰，四川以四季兰居多，云南以莲瓣兰取胜。我国台湾同胞则追求矮种水晶艺兰。

在印度，人们称万代兰为兰花，马来西亚认为蜘蛛兰才是兰花，印度尼西亚通称的兰花是蝴蝶兰，印第安人认为香果兰是兰花，欧洲人最初认为红门兰才是兰花。日本人喜爱春兰，韩国人喜爱兔耳兰、寒兰。因地域不同，各有偏爱。

18. 热带兰花的繁殖方式有哪些？

答：热带兰花的繁殖方式有播种繁殖、分株繁殖和组织培养。

(1) 播种繁殖。热带兰花大多数可播种繁殖，但应在无菌条件下进行，技术复杂，一般只有专业科研单位才能进行，且播种多在育种方面应用。

(2) 分株繁殖。此法简单可靠，一般春季新芽萌发前或花谢后进行。首先把兰花从盆中脱出，尽量不要伤及根系，然后用利刀进行分割，分割下来的部分应有4个以上的假鳞茎，这样才能形成一个独立的植株。分割时要把伤口削平，再用草木灰、硫磺粉等涂抹防腐。把有潜伏芽的上盆栽植，没有潜伏芽的假鳞茎用泥炭或锯末覆盖保湿，放在温暖湿润的苗床上，待长出潜伏芽后上盆栽植。另外，石斛的茎节上能长出新的植株，把它们分段剪开上盆即可，也可用没有产生小株丛的茎段进行扦插繁殖，把它们插入泥炭中，保持高温、高湿，不久即可生根发叶。还有一些热带兰如齿瓣兰属、瘤瓣兰属、蝴蝶兰属的植物，可以把它们的花序剪成2～3厘米的小段，平置于温暖、湿润的泥炭藓内，也可以生根长出新株。

(3) 组织培养。在生产上，多采用组培进行快速繁殖。可用种子、茎尖、胚等作为外植体进行组培繁殖。

19. 热带兰花的简易栽培方法是什么？

答：(1) 基质:

蝴蝶兰：水草，蛇木混合科技土，全蛇木，蛇木板。

卡特兰：水草须压紧，蛇木混合科技土，全蛇木或树皮。

石斛兰：水草、蛇木树皮皆可。春石斛根细小，茎条粗大，要特别注意扶正绑好。秋石斛与野生石斛，用较粗的蛇木与4号树皮就可种植。

万代兰、千代兰：属气生兰类，基质要粗，可用木炭、2号蛇木、2号树皮种植，根部要多多露出。

文心兰：树皮或混合基质。

拖鞋兰：属地生兰，基质宜用有机混合料，要松、清洁、耐久，排水良好，使其须根能吸收空气、养分。

(2) 日照：

蝴蝶兰：黑网遮光率70%为宜。

卡特兰：日照越多越好，黑网遮光率60%为宜。

石斛兰：大多给予充分日照，参阅卡特兰、万代兰、千代兰即可。

万代兰、千代兰：小苗遮光60%，中苗50%，成株尽量多接受日光，春秋可室外栽培。

拖鞋兰：不喜强光，要遮光70%，与蝴蝶兰相同。

(3) 温度：

蝴蝶兰：小苗、中苗15～32℃，大苗10～35℃。

卡特兰：不要闷热，要通风，光强不怕。

石斛兰：与卡特兰、万代兰、千代兰大体相同。

万代兰、千代兰：在24～33℃最适合成长与开花，怕寒流侵袭。

文心兰：参阅蝴蝶兰与卡特兰。

拖鞋兰：15～22℃，3～6月不要使温度超过20℃，否则不易开花。

(4) 肥料：

蝴蝶兰：一般都用化学肥料喷洒叶面。

卡特兰：小苗用促进成长性肥，中苗改用促进茎干性肥料，近开花株就用促进开花性肥料。

万代兰、千代兰：根在空气中延生，大多用化学肥料，以稍偏重磷钾类为佳，春秋可用氮肥较高的肥料促进成长。

石斛兰：与卡特兰大体相同。

拖鞋兰：由于基质用有机混合料，本身已有基本养分，因此，定时给肥不必太多，稀释化肥3000倍，每10天至半个月1次即可。

文心兰：参照卡特兰。

(5) 水分：

浇水时要充分灌注，使其盆底水流出为止，等到盆内材料干了后再浇水，以防根群腐烂。

(6) 场所：

兰花类生长环境，以半日照为宜，需通风，不闷热为佳。将盆花置放于光亮、通风处，勿放冷暖气之出风口；视盆内材料干了后再浇水(约10～15天1次)，依气候状况增减，切勿过多；当花凋谢后，请将兰花单独拿出栽培，置于半遮荫处即可，切勿直接照射。注意以上事项，花期将可延长。

20. 家养热带兰主要有哪些？

答：热带兰又称为洋兰，它的种类很多，如卡特兰、蝴蝶兰、大花蕙兰、石斛兰、文心兰、兜兰、万代兰等。热带兰具有花朵硕大、花形奇特多姿、绚丽；花期长，可达3个月左右；栽培基质不是土壤而是树皮、苔藓等，很少发生病虫害，能够保持家庭的卫生整洁等特点，因此成为近年来深受市民喜爱的年宵盆栽花卉。

目前花卉市场上比较流行的热带兰主要有：

(1) 卡特兰：花姿绚丽，品种繁多，素有“兰花之王”的美称。卡特兰的花色除了蓝色和黑色外几乎都有，每个花朵上还具有多种颜色。

(2) 蝴蝶兰：因其花朵下垂，花姿犹如翩翩起舞的蝴蝶而得名，被誉为“兰花皇后”。长长的花梗自下而上依次开出飞蝶状的花朵，可连续观赏60～70天。花色有白、紫、红、橙等色，一年四季都会有不同品种的蝴蝶兰开花。

(3) 大花蕙兰：又称虎头兰，其品种多、株型大、花瓣大，色彩艳丽且花色多，有红、白、绿、黄、粉、紫和各种过渡色和复合色，花茎挺立，花期长达2～3个月。是世界上栽培最广泛的热带兰之一。

(4) 石斛兰：茎肥厚，植株落落大方，姿态可亲，每个花茎可开花20～70朵，且有淡淡的香味，每个花朵可开放1～3个月。

热带兰一般生长缓慢，从幼苗到成品花一般需要生长2～4年，所以家庭养花一般都是到花卉市场上购买成品花。

21. 热带兰的栽培基质有哪些要求？

答：热带兰属于气生根系，因此栽培基质要排水良好、保湿性强、透气性能好。一般用苔藓、木炭、碎树皮即可，也可到花卉市场上购买配制好的基质材料。平时管护热带兰要保持盆土潮湿，表面干燥时就应当浇水，并要求浇透。一般夏季每天浇1次，冬季每周浇2～3次。夏季高温时可在花盆周围洒少量的水，或者在叶面上喷水。在生长季节可每隔10天向植株施1次无机肥料配制的稀薄液肥或兰花专用肥。热带兰生长季节的适宜温度为18～25℃。要有充足的室内散射光，避免阳光直接暴晒，以免影响生长和花期。在开花期，要把植株放在弱光照的地方，以便让花开得更加绚丽长久。越冬温度要保持在10℃以上。

22. 怎样为热带兰换盆?

答：热带兰花期过后即可换盆。换盆时要剪去枯残老根和残花，晾干后用浸泡透了水的苔藓包住根部即可上盆，填实新的栽培基质材料。在阴凉处摆放1周左右，可按平时的管理方法养护。

23. 怎样用半水培法种植热带兰?

答：卡特兰是非常适合半水培法的兰花，在粗陶粒基质下发根非常良好，新根生长迅速，换用半水培法后生出的第二芽明显比以前的芽壮硕。栽培时注意控水，容器下的储水区宜浅一些，等水分完全干透后1日方可浇水。卡特兰的发根有个特点：从新芽开始生长，根系的生长就处于停滞状态，直到新叶舒展了，新根才开始萌出，如果新购入的植株带有新芽，往往要等到1～2个月新叶长成了，才见新根生长。由于半水培法可以直观地看到新根的生长，有的兰友发现新根迟迟不长，就以为种植失败了，其实不然。在这一期间，千万要有耐心，不要急于施肥，也不要急于过多浇水。 柏拉索兰和卡特兰不同，新芽和新根一起生长，对半水培法也适应得很好，根系粗大且多，这个品种应适当控水。大多数的热带兰花都可采用半水培法栽植。

24. 怎样为热带兰花授粉?

答：科学家从兰花上发现，雄花在向雌花授粉过程中，采取了一种侵占性的策略以击败其敌手。这一属兰花的植株是雌雄各异的，不同性别的花朵，在构造上和外型上都有很大的差别，觅食的蜂类爬入雄性兰花采集香料，蜂在擦过雄性兰花的蕊柱会使它突然排出一种花粉块，于是蜂成了花粉的携带者。雄性兰花一经排出所储花粉，不久便枯萎了，但它们在繁殖后代的斗争中，已经战胜了其它雄花。蜂类一经背上花粉包袱，它们就避免再钻入别的雄花去觅食了，而钻入了雌性兰花觅食，这时那花粉块就落入雌花的柱头裂隙。授粉之后，膨胀的柱头裂隙随即闭合，结果雌花仅从1朵雄花接受花粉。

25. 怎样实现热带兰花复壮?

答：长期摆在室内或长期不接受阳光的热带兰，若想让它重新健康成长，可采用以下方法：

(1) 先将兰株倒出花盆，抖去附着的基质。

(2) 将弱株的枯根、败叶剪掉。

(3) 用水洗净。

(4) 将其浸于稀释300倍的红糖溶液中约2小时。

(5) 捞起阴干后在伤口上涂杀菌药。

(6) 用水苔做基质种植。

(7) 将兰株整盆装入透明塑料袋中扎紧袋口，在上部留几个小孔，以利通风。

(8) 1～2个月后植株便会长出新芽和根，此时正常管理即可。

二、大花蕙兰篇

1. 大花蕙兰是什么？

答：大花蕙兰又名虎头兰、东亚兰和蝉兰，为兰科兰属植物。大花蕙兰叶长碧绿，花姿粗犷，豪放壮丽，是世界著名的“兰花新星”。它具有国兰的幽香典雅，又有洋兰的丰富多彩，在国际花卉市场十分受青睐，深受花卉爱好者的宠爱。日本人民称它为“东亚兰”，欧美人士叫它“新美娘兰”。

大花蕙兰的学术名称为西姆比兰，是兰花中最大型的种类之一。其飘逸舒展的叶片、丰富多彩的花色和大而繁盛的花朵，让人感到富丽堂皇，娇艳无比，是观赏价值极高的花卉之一。在所有的观赏兰花当中，大花蕙兰的生产量最大，平均市场售价也最高，无论从经济价值还是从观赏价值考虑，都是名副其实的花中之王。

2. 大花蕙兰的花语是什么？

答：大花蕙兰花朵雍容高贵，花语是丰盛、祥和。

3. 大花蕙兰的主产地在哪里?

答：大花蕙兰的生产地主要是泰国、新加坡、马来西亚和中国台湾省。主要销售国是日本。大花蕙兰在国际花卉市场占有一定份额，其地位不亚于其它热带兰。

4. 大花蕙兰是什么时候培育出来的?

答：大花蕙兰自1889年英国培育出第一个杂种以后，在20世纪40年代，欧美也选育出大量种间和品种间杂种。

5. 大花蕙兰是怎样培育出来的?

答：关于大花蕙兰的培育过程，还要追忆到19世纪。在18世纪到19世纪期间，世界上众多的原生植物被引进英国，在众多原生兰科植物当中，由科学家从东拜恩嘎尔海拔1500米的卡西亚高原引入的独占春(*Cymbidium eburneum* Ldl.)，与从缅甸引入的碧玉兰(*Cymbidium lowianum* Rchb. f.)最引人注目，并且被作为杂交亲本进行兰花的杂交育种。1889年杂交成功，之后由英国的亚历山大以*C. eburneo- lowianum*杂种为母本，又与越南高地原生的美花兰(*C. insigne* Rolfe)进行杂交，获得了很多花色艳丽的新杂交种。并且从这些杂交种中筛选出2个优良品种，后来发现这2个品种均为四倍体。这就是大花蕙兰的最早来源，后来人们又进行系统杂交，育成了很多大花蕙兰品种。在大花蕙兰的主要杂交亲本当中，独占春、碧玉兰、美花兰和建兰等在我国均有分布，而其它杂交亲本则来源于缅甸、越南和印度等其它国家。

6. 大花蕙兰有多少品种?

答：至今，大花蕙兰的栽培品种已有上千个，在国内外市场十分走俏。在大花蕙兰的品种当中，按花的大小可分为大、中、小花型，按开花期可分为早、中、晚熟以及夏秋开花等各色品种。仅日本就培育出400个以上的新品种，其中有一家种苗公司，在30年内培育出了239个新品种。因此，可以表明大花蕙兰的品种非常丰富。

常见栽培品种有洋红色的‘安娜贝丽’(Annabelle)、‘彩斑’(‘Heathery’)；血青色的‘巴塞罗那’(‘Barcelona’)、‘森林之王’(‘Forest King’)、‘莱维斯公爵’(‘Levis Duke’)和‘先锋’(‘Vanguard’)；红色的‘卡门’(‘Carmen’)、‘红美’(‘Red Beauty’)；乳白色的‘小瀑布’(‘Cascade’)、‘牧歌’(‘Madrigal’)；黄色的‘金色羊毛’(‘Golden Fleece’)、‘抒情诗人’(‘Troubadour’)’；银灰色的‘莫莉’(‘Molly’)和白色的‘新娘’(‘The Bride’)。

常见同属观赏种有冬凤兰(*C. dayanum*)，花白色，带紫色条纹。碧玉兰(*C. lowianum*)，花黄绿色，唇瓣紫红色。黄蝉兰(*C. iridioides*)，花浅黄色，唇瓣黄色。独占春（*C. eburneum*)，花纯白色，唇瓣有紫红色小点。短叶虎头兰（*C. wilsonii*）花淡绿色，唇瓣黄白色，有红褐色条纹和斑点。

7. 大花蕙兰人工栽培情况怎么样?

答：大花蕙兰与其它兰科植物一样，其每一颗果实中有数十万个种子，种子之小使其在自然条件下很难繁殖，传统的繁殖方法只能采取分株，再加上兰属植物生长缓慢，很难做到大量繁殖。因此，长期以来，大花蕙兰一直是皇家或贵族才能够观赏到的花卉。20世纪60年代以后，植物生物技术有了重大突破，著名的大花蕙兰就成了首批受益者。特别是70年代后期，日本在大花蕙兰组织培养繁殖技术产业化方面获得成功，长期困扰人们的大花蕙兰大量繁殖问题得到了解决。到了20世纪80年代后期，大花蕙兰已经走进千家万户。但是，由于大花蕙兰的生育习性比较特殊，对于栽培技术要求较高，而且很多品种和其栽培技术被一些大种苗公司和兰花企业所垄断，所以，大花蕙兰的商品化生产一直控制在少数人手中。

8. 我国大花蕙兰发展情况怎么样?

答：我国虽然是大花蕙兰的原产地，又拥有相当丰富的种质资源，但仅是原生种，缺乏改良。野生性状较强，花色暗淡、不鲜艳，花朵稀疏、不丰满，花茎长而弯曲、不够挺拔或下垂，要开发利用必须加快改良。20世纪90年代开始，广东、云南等地已从国外引种优良品种，进行批量生产，由于售价昂贵，目前尚未全面推开，但市场还是比较热销，如价格下降，大花蕙兰的前景是好的。

9. 大花蕙兰的形态特征有哪些？

答：大花蕙兰为多年生附生性草本。假鳞茎椭圆形，粗大。叶宽而长，下垂，浅绿色，有光泽。花莛斜生，稍弯曲，有花6～12朵。花大，浅黄绿色，略带香气。

大花蕙兰地上部是由条状叶和基部的假球茎构成，在每一枚叶片的叶腋部都有一个腋芽，除了基部的几个是休眠芽之外，其上部的叶芽在条件适宜时都能萌芽，并发育成新的假球茎或花芽。大花蕙兰的根系非常发达，其根由中心部的真根和其周围海绵组织的外皮层构成，其根系一般只生长在透气、透水性良好的栽培基质中，几乎没有气生根发生。

10. 大花蕙兰的生活习性有哪些？

答：喜爱白天温度高，夜晚温度低的环境。花芽需要在高温期形成，但花芽发育成花蕾到开花，却需要在20℃以下，因此秋季发育的花蕾，若遇到高温极易掉蕾。

11. 大花蕙兰的适宜温度是多少？

答：由于大花蕙兰的杂交亲本均原生于亚热带的海拔1500～2500米的高原地区，属于附生兰，所以它的最适生育温度为15～25℃，生长的界限温度为10～30℃。大花蕙兰在花芽分化期间对于温度的要求十分严格，多数品种在昼温25℃，夜温15℃时花芽分化比较顺利，且花的品质优良。如果在花芽分化期遇到高温，就会导致飞花(盲花)的发生。由于其花芽分化期一般在夏季的5～9月，如果生产地区的气温过高，必须采取降温或异地避暑的方法进行栽培管理。

12. 大花蕙兰的适宜光照是什么？

答：大花蕙兰光照充足，叶色呈黄绿而宽厚，光照不足叶色转浓绿，修长软弱。兰棚可用竹片、木条、遮光网遮光，遮光率约30%～40%。若直接晒阳光，要注意勿使兰叶晒伤。

13. 大花蕙兰的水分要求是什么？

答：大花蕙兰是附生兰，不但喜爱空气湿度高，而且也喜欢基质经常保持微湿状态，这种习性和气生兰类不同，需要留意。空气适当湿度约70%～80%。浇水时要使水从盆底排水洞流出，才表示盆内已吸足水。

在大花蕙兰的栽培过程中，水分管理尤为重要，也是栽培过程中最频繁和最复杂的管理技术之一。大花蕙兰适宜的水分pH值为5.4～6.0，如果水分的pH值过高，会严重抑制新根的发生和生长。在夏季，根据天气变化，基本每日都要在早晨浇水1次，7～8月的高温季节可以早晚各浇水1次，在低温季节每隔3～4日浇水1次。但是，由于自然气候千变万化，还要根据具体天气变化情况(高温、干燥、多雨、阴天等)进行前后调整。

14. 大花蕙兰的培育期有多长？

答：在种苗公司购入克隆苗的规格一般高6厘米以上，不少于4～5枚叶片，已经过1个月左右的驯化栽培。购苗期的选择应根据当地的气候条件来决定，一般气温在15～20℃时比较适宜，即春天的3～5月或秋天的9～10月。春天购入的苗一般为3年开花，秋天购入的苗根据品种和栽培管理技术的高低，需2.5～3.5年开花。

一般将购入的种苗定植在直径为9厘米的薄壁塑料盆中，每盆1株，翌年春天更换直径为12厘米的花盆，第三年春天可栽入作为商品出售的花盆中，其规格为上口径18厘米，盆底直径15厘米，高28厘米。用于会议室或大厅等装饰的盆花，可以在开花后将数株或十几株组装到大型花盆中。

15. 怎样为大花蕙兰施肥？

答：大花蕙兰在各种兰花当中，属于最喜肥的一种。其有机肥可使用油粕或骨粉按2：1的比例充分混合后直接放在花盆的边缘，不可浸泡发酵后浇施。因为大多数大花蕙兰新品种的耐肥性和抗病性很弱，浇施发酵的有机肥水或脏水很容易带入病原菌，过浓的氮肥也会烧苗。在幼苗期和低温季节，少施或不施有机肥，可以选用Hyponex(花保1号)等复合肥进行叶面施肥。为了避免污染环境，在开花前应停止使用有机肥，改用缓效性复合肥。在栽培期间要避免使用高效化肥。

16. 大花蕙兰的投资成本有多大？

答：如果水质适宜，有加温条件，大花蕙兰在我国的大部分地区都可以栽培。但是，在不同的气候条件下，其生产成本有所区别。以每亩温室生产开花植株9000株计算，如果在气候条件适宜的云南等地，包括温室使用折旧费，每亩投资可低于10万元。如果在西北、华北或东北地区，每亩投资要超过20万元。当然，生产成本也与生产规模有关，随着生产规模的扩大，生产成本就会相对降低。在日本生产面积为4～5亩的农户，每株花的生产成本为2200～2400日元，但是，生产面积超过20亩的农户，每株花的成本低于1900日元。

17. 大花蕙兰的经济效益怎么样？

答：尽管生产大花蕙兰的投资较大，但是，其效益却非常惊人。由于大花蕙兰的花期(观赏期)在室温不超过18℃的条件下，可长达2～3个月，其艳丽的花色和坚挺的碧叶，可以让消费者大饱眼福。据说在香港的市场售价，每株为1000～1500港元，在国内市场，如果每株开3～4枝花，售价在600～800元，每株开2枝花的售价在200元以上。如果我们按平均每株100元的批发价计算，生产1亩大花蕙兰在3年内可获利70万元左右。

18. 怎样确定大花蕙兰的投资规模和品种搭配？

答：开发生产大花蕙兰时，要根据投资金额、气候条件、生产技术、劳力和市场状况来决定生产规模和品种搭配。

一般一个劳力可栽培管理1～1.5亩。就品种而言，它除了花色、花型、抗性不同外，开花期也不相同。多数品种的开花期在10月至翌年的4月，目前，大花蕙兰的开花期还不能像蝴蝶兰那样，可以达到100%人为控制的程度。尽管在元旦和春节市场的价格最好，但是，开花前立支柱、整形等工作最费时间，如果在此期间不能补充大量的临时劳力，生产规模较大时，万万不可全部选择开花期在元旦和春节期间的品种。即使在此期间能够补充大量的临时劳力，立支柱和整形等工作还需要丰富的经验和技巧，由于新出的花茎又脆又嫩，一不小心，3年的心血就会付之东流。

19. 怎样进行大花蕙兰品种选择？

答：选大型和中型花，色彩鲜艳，叶短，株形好，花期长，抗病力强，容易栽培的品种。

从引进瓶苗开始，就要注意学名登记和编号，没有学名的植株，如同没有户籍，是不值钱的，没有竞争能力。对弱苗、畸形苗和严重病虫害苗要及时淘汰。

20. 大花蕙兰生产的基本条件是什么？

答：(1) 光照：在夏、秋两季要防止直射强光，一般光照强度在15000Lx～60000Lx。

(2) 空气湿度：相对湿度要求达到80%～90%。

(3) 通风：应见到植株叶尾飘动。

(4) 温度：夜温8～20℃，日温20～30℃。

(5) 水质：以井水、泉水为理想水源，pH值5.8～6.6为佳。水井、水池要加盖，防止污染。

(6) 种植盆：以软塑料盆为主，口宽，高脚，收底，大孔。

(7) 培养土：栽培基质应质地疏松，团粒结构好，胶体含量少，有机质丰富，通气性好，排水性能强，保温、保湿性能好，利于好气性微生物的活动，增强兰菌的共生能力。

(8) 肥料：以骨粉为基肥。不同生长阶段，氮、磷、钾的比例不同。薄肥勤施，多增加根外追肥。

(9) 垫着物：瓦砾、木炭、蚝壳等。

21. 大花蕙兰的繁殖方式有哪些？

答：大花蕙兰的繁殖，常采用分株、播种和组培繁殖的方式。

(1) 分株繁殖：在植株开花后，新芽尚未长大之前，正处短暂的休眠期。分株前使基质适当干燥，让大花蕙兰根部略发白、柔软，这样操作时不易折断根部。将母株分割成2～3筒一丛盆栽，操作时抓住假鳞茎，不要碰伤新芽，剪除黄叶和腐烂老根。

(2) 播种繁殖：主要用于原生种大量繁殖和杂交育种。种子细小，在无菌条件下，极易发芽，发芽率在90%以上。

(3) 组培繁殖：选取健壮母株基部发出的嫩芽为外植体。将芽段切成直径0.5毫米的茎尖，接种在制备好的培养基上。用MS培养基添6－苄氨基腺嘌呤0.5毫克／升，52天形成原球茎。将原球茎从培养基中取出，切割成小块，接种在添加6－苄氨基腺嘌呤2毫克／升和萘乙酸0.2毫克／升的MS培养基中，使原球茎增殖。将原球茎继续在增殖培养基中培养，20天左右在原球茎顶端形成芽，在芽基部分化根。90天左右，分化出的植株长出具3～4片叶的完整小苗。

22. 怎样进行大花蕙兰的组织培养？

答：把母株放在温室内盆栽培养，于2月底～4月初陆续从母株上取8厘米左右的新芽，从基部切离，用自来水冲洗，再用洗洁净溶液浸泡5分钟，自来水冲洗10分钟，剥去最外几层叶片，并剪去芽的上半段。然后在超净工作台上采用3步灭菌处理法处理：先在70%的酒精中处理6秒，立即投入10%次氯酸钠溶液中10分钟，稍加摇动，取出后用无菌水冲洗，剥去外层2～3片叶；再放入5%的次氯酸钠溶液5分钟，取出后无菌水冲洗，剥至最后1枚叶片；再放入1%的次氯酸钠溶液1分钟，取出后无菌水冲洗数次。以上次氯酸钠溶液中均加入Tween-60以利杀菌剂更有效地发挥作用。在无菌条件下剥出约5毫米长的茎尖，以生长点为中心，用解剖刀把茎尖切成4个小方块，分别接入已准备好的培养基上。pH值5.2～5.6，蔗糖2%，琼脂条0.6%～0.85%，温度22～25℃，光照强度2000Lx，每日光照12小时。

外植体接在附加一定激素配比的培养基上，20天左右外植体周围出现许多白色颗粒状愈伤组织，继续培养逐渐转为绿色，25天可形成大量原球茎，以后每隔20天进行一次继代培养，若继代不及时易形成不定芽，需在继代时切去，影响原球茎增殖，造成浪费。

23. 怎样进行大花蕙兰组培苗的出瓶处理？

答：组培苗瓶苗引进后，放在花架上1周左右。出瓶前，先将瓶子盖完全打开，使瓶苗在自然环境中适应2～3天，再从瓶中移出。

当幼苗全部取出后，先在清水中冲洗，然后用短毛笔轻轻地把附着在根上的培养基清洗干净，再用清水冲泡，否则易发生霉烂。按大小严格分级，置于铺有报纸的花架上，必要时可用稀释后的杀菌剂喷洒。

24. 怎样进行大花蕙兰瓶苗的种植与管理？

答：杀菌后的瓶苗，可种在苗盘上。使用一种多孔性不易积水的矮盘。植材选用较细的水苔(如果是粗的要先剪碎)。水苔浸泡洗净挤干，保存一定湿度，并进行杀菌处理。种时先在盘上铺上一层1厘米厚的水苔，然后把幼苗的根部一株一株地包上水苔、卷成一小团，按株行距一株株地放置在苗盘上。种植幼苗时需要稳定，故不能太松，大苗与小苗要严格分开种植。放置的地方要求光照弱，比较阴凉，通风好，湿度要达到80%～90%。种后用喷雾器将苗株与植材喷湿。每天向叶片喷水数次，但要严格控制，切忌过干、过湿，每次浇水都用喷雾器喷洒。2周后，每星期喷洒1次杀菌杀虫剂。20天以后新根长出后，逐渐增加光照，每周进行1次根外追肥，可用“花宝1号”或“通用肥”，稀释2000倍喷洒。大约6～8个月后，即可移植于10厘米软盆单株种植。

25. 怎样进行大花蕙兰幼苗期的培育管理？

答：第一年可用直径10厘米软盆种植，每盆种1株。基质可用树皮粒、水苔或泥炭土加煤渣，直径为0.5～1厘米的颗粒。基质检测：pH值5.1。夜温15～20℃，日温20～30℃。11月至5月光照强度为15000～20000Lx，6～10月为30000Lx。11月至次年4月大棚覆盖塑料薄膜，不必用遮阳网。5月上旬可除去塑料薄膜，换上50%的遮光网。根据光照强度，必要时加两道可调节的遮阳网，以避免日灼。注意通风，空气湿度保持80%～90%。定时灌水，特别是秋季气候干燥需水量多，每天都得灌水。冬天生长慢，需水少，二、三天灌1次。灌水在上午11：00左右，应见干(基质表面变干泛白)时灌水，水自盆底流出即可。控水管理是大花蕙兰栽培中最重要、最复杂的管理技术之一。

26. 幼苗期大花蕙兰如何施肥？

答：幼苗期一般以根外追肥为主，按照薄肥勤施的原则，每周1次，氮、磷、钾比例为8:3:8的复合肥料稀释1000倍施用。冬天一般不施肥，必要时以磷酸二氢钾稀释1000倍液进行根外追肥，避免造成腐根。

27. 怎样进行大花蕙兰的中苗期管理？

答：第一年底到第二年初，换直径为12厘米软盆。每平方米框架可放25盆，第二年可加宽为15盆。使用基质颗粒可适当粗些，即1～1.5厘米左右。换盆时不可伤根，换盆前后各浇水一次。11月下旬或12月上旬，把遮光网拆下，换上塑料薄膜。室温控制在夜温18℃，日温23℃。光照40000Lx，12月以后尽量使光线射入。

换盆时在盆底施10克基肥（豆粕和骨粉7:3的比例混合作为固体肥料）。7月之前为促进生长，每月1次用氮、磷、钾比例为1:1:1的通用复合肥，8月之后每星期施1次液肥，9月以后用磷酸二氢钾1000倍液根外追肥。

这期间应重点充实分生假球茎。对于生长期假球茎发生的芽，必须全部除去，但如生长有停顿之势，即将这种芽留下，不必除去，以便更新。

28. 怎样进行大花蕙兰的大苗管理？

答：年底至年初，可换18厘米软盆。每平方米框架放9盆。基质可较粗，一般取1～1.5厘米。换盆时间一般在3～4月份，当软盆内已充满根系，基质隆起，停止长叶，中间长出假球茎状的苗时进行。栽植时不可使根尖受损。盆底要施基肥。夜温18～20℃，日温23～30℃，光照40000～50000Lx，空气湿度保持80%～90%。灌水量要根据观察白根的情况来决定，使白根饱满为宜。换盆时先施基肥14克，追肥用菜籽油粕、豆饼2份，骨粉1份混合，每月施用18克。12月份以后单施骨粉，必要时用磷酸二氢钾稀释1000倍液增加根外追肥。

从年初到10月份不断疏芽，1个球茎若同时长出2个以上的芽，可留下壮芽1枝，将其余的芽摘去，使养分集中于大球茎上。通常单芽生长比多芽效果更佳，开花更有保障。11月份至翌年1月要决定开花茎的数量，大型种可培养中间茎1枝，开花茎2枝，中型种可培养中间茎2枝，开花茎3枝。

29. 怎样进行大花蕙兰开花株的培养？

答：3～5月，夜温15～20℃，日温23～25℃。6~10月，夜温18～23℃，日温28～30℃。11月以后夜温10～15℃，日温20℃。光照为40000Lx，高山上60000Lx，遮光度控制在40%，空气湿度在80%。根据季节和基质控制浇水。2～4月，每月施肥1次，每盆10克，4月份以后每盆18克。

6月中旬至10月下旬，须在海拔1000米左右的山上度夏，加大昼夜温差的变化以促进花芽形成。花芽出现后立即停止施肥。11月份花穗成形后就可以迁回花圃管理。

栽培密度为每平方米框架6盆。花茎数确定后，须将所有再发生的芽全部除去。9～10月底即可以看到花芽。花芽从当年的假茎基部生长出来，由于营养过多，有时也会长出叶芽，若任其发展，花芽将不会生长，因此，一经发现立即将其折断。花芽前端呈圆形，整体有如毛笔的笔尖；叶芽的前端呈尖锐扁平的三角形。

用直径5毫米的铁丝做支柱，当花芽出现时即开始竖立。

大花蕙兰花芽最早出现在6月份，占2%左右。由于此时气候炎热，温度高达35℃，因此，大部分花芽禁不住高温而夭折。9～10月份出现花芽最多，占80%以上。11月份以后出现的约占15%，这时因气温较低，所以开花率特别高。

如果从组培苗开始管理，在正常情况下，满3年开花的仅占20%左右，满4年开花者约占60%，其余为4年以上才开花。

大花蕙兰开花后，有时1盆已长有5～6株，布满全盆，故需分盆。一般每盆2株以上比较好。若分为单株盆，则必影响明年开花。分株时，以左右手各紧握将要分开的球茎，用力扯开，如果仍拉不开，以相反的方向略扭曲，则可分开。伤口要进行消毒，略阴干后种植。没有叶片的老茎可以拔开，伤口消毒后阴干，并用水苔培养仍可长出新芽。等待新芽长到10厘米以上即可上盆种植。

30. 如何进行大花蕙兰的花期调控？

答：(1) 上山栽培：大花蕙兰花芽分化期在6～10月，在高温地区，花芽发育不良。为克服这一问题，可将其移至海拔1000米以上的山上栽培，保持昼温20～25℃，夜温10～15℃，以利花芽形成。一般上山时间越早，开花越早，具体应根据不同品种开花习性而定。如要使晚花品种提早开花，需尽早上山，早花品种适当晚上山。开花期间，温度的高低直接影响花期长短，温度低花期延长，温度高花期缩短。

(2) 调光：大花蕙兰属长日照花卉，适当延长光照时间，可促进花芽分化和花序形成。但夏季高温强光会影响花芽的发育，严重时导致幼嫩花芽枯死。因此，在我国南方栽培大花蕙兰，应在上山低温栽培的基础上，进行夏季遮光50%，春秋遮光20%～30%，以促进花芽正常发育，增加开花率。

(3) 施肥与抹芽：有关研究证明，大花蕙兰花芽的形成，与植株体内的营养状态密切相关。在生产上通过合理施肥、抹芽整形的方法，可抑制其营养生长，加速生殖生长。1～6月营养生长期，以施氮肥为主，配合适量的钾肥，促进茎叶健壮；6～10月由营养生长向生殖生长转化，增施磷、钾肥，减少氮肥用量，促进花芽分化。春、夏营养生长期进行抹芽，每个假球茎上只保留1～2个发育正常及长势健壮的腋芽，以减少养分消耗，加速生殖生长，达到早开花的目的。

(4) 控制水分：大花蕙兰花芽分化期，是营养生长向生殖生长过渡的转折点。在这一阶段，适当控水、保持土壤干燥、降低细胞自由水含量、提高细胞浓度、抑制延缓营养生长，可促进花芽分化与花序伸长，使其提早开花。

31. 如何进行大花蕙兰的花后养护？

答：(1) 去花莛：春节前买来的大花蕙兰，一般花期可保持25～40天，花谢后，要及时将花莛剪掉，以免消耗过多的养分，影响来年开花。

(2) 常喷水：养国兰的花谚“秋不干，冬不湿”一样适用于大花蕙兰。因其是肉质根，冬、春季蒸腾量又低，水大极易导致烂根，故应少浇水，给植株经常喷水，保持一定的湿度即可。

(3) 光照足：大花蕙兰喜散射光照，若光照不足，易导致叶片发黄，故应将其放置于南窗台上，使其充分接受光照。

(4) 保好温：大花蕙兰喜温暖环境，冬季室温应不低于8℃，特别是初春停暖气后，如不采取防寒措施，极易导致植株遭冻害而死掉。较简单的保温方法是，在停暖气后立即用塑料薄膜将整个花盆罩起来，放置于向阳的室内。若温度仍然较低，则应用生电炉、开暖风等措施来提高室温，使室温保持在10℃以上。

(5) 换好盆：大花蕙兰花谢后不可急于换盆，应等到清明时节气温基本稳定后进行。花盆应用透气性好的泥瓦桶子盆，盆底可用碎盆片做好排水层，栽培基质可用木炭、细碎石、粗河沙和经退火的陶粒按1：1：3：1比例配置而成，使用前经喷药消毒。需要一提的是，栽培基质在使用前一定要用水浸透，植株上盆后则不必浇透水，只需少量浇水使花盆土自然密实即可。

32. 怎样使大花蕙兰再次开花？

答：春节期间买来的大花蕙兰，如要使其再次开花，就要十分熟悉这种花的生态习性和生长发育的规律，因地制宜地准备莳养环境条件。

大花蕙兰花谢后，剪去残花，最好换用瓦盆栽植，底孔开大，垫碎瓦片作排水层，确保排水通畅。10苗左右的大株，可分株栽两盆。上盆保留1/3旧植料再加新植料。注意栽时要把假鳞茎全部裸露在基质表面。栽后浇水冲涮基质，使盆中泥土杂物迅速从盆底孔随水排净，然后把植盆架空放置散射光照充足处。初栽1星期内只向叶面喷雾，新根发出后则需经常保持水分充足。

大花蕙兰喜肥，家养宜以复合施肥为主，可用 0.1%尿素、0.2%磷酸二氢钾溶液，每 10天 1次交替施用，进行叶面施肥或灌根。也可施用氮、磷、钾复合肥。有机肥可用充分腐熟到无臭味的固体肥料，加少许硫酸亚铁制成肥料球，放在盆边随浇水渗透，缓慢释放肥力。保持环境清洁，空气清爽流通，可防病害发生。

33. 家养大花蕙兰怎样选择放置场所？

答：放置于不热、干燥房间中的明亮的地方，最低温度5～10℃，最高温度15～20℃最适宜。空调房间比较干燥，对花不好。特别是不要对着暖风器的温风吹。日间30℃以上的房间或者是晚上非常寒冷的窗下都对花不好。夜间长时间置于20℃以上的暖房的话，花蕾容易脱落。

34. 家养大花蕙兰怎样浇水？

答：原则上盆中基质干了才浇水。一般1周1次。在10：00以后的上午浇水，而且不能直接用冷自来水，打好自来水并放置变温后才浇水。浇了水，盆却没变重时，直接把盆置于水桶中浸水也可以；但在下次浇水时，必须在盆中干了的时候才能浇水。注意：盆过干花不会枯，浇水过多根却会腐烂。

35. 家养大花蕙兰如何防治病虫害？

答：注意蚜虫、蛞蝓类害虫的侵扰。

36. 家养大花蕙兰如何换盆？

答：换盆促进新芽生长。有过多的球茎或许多根长到盆面上时，换稍大的盆。在3月底之前换盆。生长发育期间（4～7月），充分给水和肥。不把叶子烧坏为前提，置于日光下，通风处，注意病虫害，特别是叶腐病，不下霜时置于户外。

37. 家养大花蕙兰来年开花要领是什么？

答：为了使来年开花，就要使得今年长出的新芽同开了花的旧球茎一样大小，为此勿让植株在花期中过度耗费营养，开花的末期尽早切除花茎。只留最大的1个芽或2个芽，其余的芽去掉。

38. 大花蕙兰的病虫害有哪些？

答：大花蕙兰栽培在优良的生态环境中，对空气湿度要求比较高。但湿度大时，如果通风不良、空气不流动、光照不足，也会造成病虫害的发生和蔓延。大花蕙兰的病虫害比较多，主要的虫害有介壳虫类、粉虱、螨虫类、蚜虫、蟑螂等，危害大花蕙兰的小动物有蜗牛、蛞蝓、老鼠等；主要病害有疫病、软腐病、根腐病、炭疽病、叶枯病、毒素病等。可以根据具体情况选择适宜的杀虫或杀菌剂，定期喷洒以保证长期不受病虫危害。

39. 大花蕙兰如何防治疫病？

答：发生的部位不同和产生的病症不同，被分为黑腐病、心腐病、茎腐病、猝倒病等。在温室栽培温度高、浇水过多、通气不良的情况下，叶梢中有大量水分，时间一长，最容易引发此病。每年的6～8月是发病的高峰期，从幼苗到开花株都能受害，特别是聚盘苗期和新生芽、新叶最容易受害。它是由两种密切相关的真菌——恶疫霉(*Phytophthora cactoum*)和终极腐霉(*Pythium wltmum*)所引起。恶疫霉易引起根腐、猝倒、根颈腐烂，而终极腐霉也易引起植株的根腐和猝倒病。这些病一旦发生如不及时处理，则很快传染到根系、球茎，所以是大花蕙兰可怕的毁灭性病害，其传染途径系由孢子通过浇水时飞溅的水珠传播、扩散。

防治方法：

(1) 环境控制：兰棚要通风透气，光线要充足。发病时要严格控水，及时去除有病的病叶、病株，同时要避免由上而下喷水。

(2) 一旦发现染病植株，立即去除有病的组织，同时多切去未受感染的组织3厘米左右，如受害严重的则整株去除。

(3) 剪刀等用具要严格消毒。

(4) 药剂处理：可用80%锌锰乃浦500倍溶液喷施。也可用1：2000的8-羟基喹啉硫酸盐喷洒，或将病株在邻苯基酚钠溶液中浸1小时，必要时可3～7天内进行重复处理。

40. 大花蕙兰如何防治软腐病？

答：软腐病通常侵害大花蕙兰的叶片、芽、球茎，1年中从春季到秋季都可能发生，冬天较少发现，有时常与疫病同时并发，但不太严重。它是由一种称为南欧文氏菌(*Erwinia chrysanthemi*)的细菌引起的，其寄主范围很广，在兰科植物中都可以危害。其侵入途径主要是通过伤口或自然气孔。在高温多湿的兰棚，此病蔓延极快。在100%相对湿度、温度30℃时，采用人工接种后，过3小时即完成入侵过程。其病症表现与疫病有些类似，使初养兰者很难判别。因这两种病在性质上不一样，用药也不同。

在田间上，我们的判别主要是根据拔出腐烂的病部进行观察：疫病的腐烂组织无汁液或少汁液，无鱼腥味的恶臭，把汁液挤1滴在一杯清水中，没有发现云雾状混浊物的扩散；而软腐病的病部表皮里的细胞都被分解成水液状液汁，内含有无数白色菌泥，汁液很多，轻轻一碰，汁液就流出来，同时有鱼腥味的恶臭，把汁液滴1滴在清水杯中，则可见有云雾状混浊物向四周扩散。

防治方法：

(1) 环境控制与病株处理：同上面疫病的处理方法，特别注意勿使菌泥的汁液污染健康植株。

(2) 药剂处理：一般的农药对软腐病无效，所以一旦发病只好抛弃病株。因此主要是采取预防措施，用40%钢快得宁400倍液喷洒效果不错。也可以用68.8%多保链微素或18.8%链微素1000倍液，每隔7～10天喷洒1次，连续3～4次。这几种药品可采取轮流交换使用，以免植株产生抗药性。

41. 大花蕙兰如何防治根腐病？

答：根腐病属于真菌病害，分布很广，除兰花外，其它植物也会受害。它是一种立枯丝菌*Rhizoctonia Solani Kuehn*引起的根腐烂。这也是大花蕙兰毁灭性病害之一。在大花蕙兰植株的任何生育期，不论是聚苗盆中的幼苗、中苗、大苗以及老熟的开花株都容易感染。其侵染的途径一般是由病菌的菌丝和菌核侵染兰花幼苗的根和根状茎造成的，如果不加控制，腐烂可发展到茎及较低部位的叶片。在侵染发展过程中，会形成一圈褐腐区，环绕植株基部引起幼苗死亡。成株受到侵害时，会逐渐衰弱。一般情况下腐烂只局限于根部，引起根部死亡；但有时腐烂也会扩大入侵到假鳞茎，使得根腐病的植株生长衰退，叶片和假鳞茎均发黄、瘦弱、扭曲、萎缩最终死亡。

防治方法：

(1) 环境控制与病株处理可参考前面。

(2) 药剂防治：用苯来特1汤匙配水4千克浸根或浇施，效果不错。

42. 大花蕙兰如何防治炭疽病?

答：炭疽病危害大花蕙兰的叶片、假鳞茎以及花萼、花瓣。它属于一种真菌的无性世代，一般是弱寄生性，往往发生在管理粗放的兰棚。兰株受伤害后，如寒害、农药害、太阳灼伤以及氮肥施量过多、基质过酸或种植太密、通风不良、水分失调等，造成根系不发达的弱株都容易受害。当病菌侵染兰花的叶片或假鳞茎时，首先看到的症状是出现褐色或黄绿色的长形不规则的污斑，稍凹陷，边缘清晰，成熟时，病斑上通常出现同心环纹，并在环斑上产生分生孢子。在受病组织与健全组织之间有明显分界线，后期病斑慢慢连接成片，覆盖面积逐渐增大，凹陷成坏死疽斑。

防治方法：

(1) 环境控制与病株处理同上，种植密度要根据生长程度不同而改变，基质过酸要及时调配，pH值在5.8～6.6。

(2) 药剂防治：可用大富丹500倍溶液或大生45 500倍液喷洒，也可以用代森锰锌1000倍液喷洒，每周1次，连续3次。

43. 大花蕙兰如何防治叶枯病?

答：叶枯病是一种真菌病，发生在大花蕙兰叶尖附近或叶片的前端。初始产生黑色的小斑点，斑点渐渐扩大而成为不规则的病斑，病斑周缘形成黑褐色，中间呈淡灰色，并有小黑点，严重时可蔓延整个叶面，最后枯死脱落。

防治方法：同42题。

44. 大花蕙兰如何防治煤烟病?

答：煤烟病又称为煤污病，一般发生在粗放管理的兰棚，由于不通风、光线不足，兰株易受蚜虫、粉虱、介壳虫类等昆虫危害。这些昆虫在兰株上分泌一种蜜露沉积物，而煤烟病的真菌则附生在蜜露沉积物之上。它常常在叶片的两面和假鳞茎上覆盖一层煤灰色的真菌，这种真菌对植株危害很小，因为它只是附生在表皮，可以与叶片、鳞茎分离，但由于这种病菌的覆盖会影响兰株的光合作用，同时也有碍观赏，降低兰花优美姿态，使兰花质量大大下降。

防治方法：

(1) 环境控制同上。可用湿布擦拭病株发病部位，把表皮上附生的一层病菌去掉，叶片则恢复原状。

(2) 药剂防治：要防煤污病，首先必须控制和消灭蚜虫、粉虱和介壳虫类的发生，这些昆虫不存在，煤烟病也自然不存在了。

45. 大花蕙兰如何防治毒素病？

答：大花蕙兰的毒素病也称为病毒病，是世界上发生最普遍的兰花病毒。由于病原体体积非常细小，在一般显微镜下无法看到，必须在电子显微镜下放大数万倍后，才能看到其形状及其发病的症状。最常见的是植株的叶片和花朵灰绿并出现黄色的斑驳，最后成褐色凹陷的病斑，使植株叶片成为花叶，发育不良或开花不正常。一般发生在老茎分生苗的植株上。其传染途径往往是由于工具、分株伤口和刺吸式昆虫接触传染，以目前的水平尚无法治疗，一旦发现可疑的植株，应立即隔离或销毁处理。

46. 大花蕙兰如何防治介壳虫类？

答：一般在管理粗放的兰棚，通气不良、日光不足时比较容易发生。危害大花蕙兰的介壳虫有吹绵介壳虫、螺圆介壳虫、糠片介壳虫和黑点介壳虫等。这些害虫常寄生在兰花的叶片、叶梢、假鳞茎上，特别在叶梢、叶背等阴暗处。

它以刺吸式的口器深入兰花的气孔，吸取兰花的营养，使兰株逐渐衰退、黄化，易于感染病害而致死亡。这类害虫有个共同的特点，即背上都生有一层不同颜色、形状的蜡质保护壳以保护自己，同时又能分泌一种蜜露引诱蚂蚁来取食，同时也是兰株产生煤烟病的根源。每只成虫成熟后能产生100个粉状卵，在空气干燥时，蜡壳破裂，虫卵即随风飞散，传染到其它植株；当害虫的卵粘在另一株上，遇水则变为幼虫，一方面吸收养分，一方面又形成了蜡壳以保护自己，如此1年2代，代代相传，繁殖能力非常强。

防治方法：

多采用药剂防治：一般是用速灭松乳剂或大灭松乳剂以及氟氯氰菊酯和除虫菊酯1000倍溶液每隔7～10天喷洒1次，喷洒时叶片及鳞茎都要喷到，连续喷洒3次。

47. 大花蕙兰如何防治粉虱？

答：在粗放管理的兰棚和通风不良时，会有粉虱的发生。粉虱的虫体比介壳虫更小，在虫体表层覆盖了一层白粉状的蜡质物。通常是群集寄生在大花蕙兰植株上，严重时整个叶片、叶鞘及假鳞茎都布满了粉虱。其繁殖力非常强，会使兰株的叶片整个干枯掉落。

防治方法：

同46题。

48. 大花蕙兰如何防治螨类害虫？

答：螨类害虫主要是红蜘蛛、黄蜘蛛和假蜘蛛类的小虫。其颜色主要有红、黄、绿等，形态很像蜘蛛，虫体都很细小，肉眼不容易看清，一般在干燥的环境和气温高的天气情况下，最容易发生。在厦门地区一年四季都可能发生，特别是秋、冬两季。小虫寄生在叶片危害，白天有阳光时常常藏身叶片背面或在叶鞘活动。由于虫体小，初期不易为人发觉，常常是危害严重时才被发觉。它的口器穿透力很强，使受害的叶片出现一片灰白的小点，进而成为灰银色或灰褐色粗糙的、不规则形状的斑点或斑块。严重时叶背常常可以发现丝网，使叶片慢慢焦黄凹陷，被害叶片很快萎缩变形。

防治方法：

(1) 用肥皂泡水喷洒叶片的上下两面。因肥皂水能附着于叶面，形成一层薄膜，这层薄膜是螨虫最不喜欢接触的，所以可防治和减少其寄生。

(2) 可用三氯杀螨醇、大克螨、得脱螨、速灭螨等药剂配水喷洒，一般用1000～1500倍，喷洒时必须注意叶片的上下两面、叶基都要全面喷洒，以免残留的螨虫继续繁殖危害。每星期喷洒1次，连续3次。

49. 大花蕙兰如何防治蚜虫？

答：蚜虫在大花蕙兰植株上基本没有发现，但在春季和夏初主要危害发育中的花穗，即花芽抽出的嫩穗、花苞。虫体很小，颜色常随花色不同而变化，有绿、黄、红等颜色。它通过针状的口器，吸取花穗的营养，造成花穗变形扭曲，发育不良。

对于大花蕙兰虽不是主要虫害，但它能分泌蜜汁吸引蚂蚁，传播病害和病毒，所以也应该引起重视。

防治方法：

一般用氧化乐果、除虫菊酯、乙酸甲胺磷等，以1000倍液轮换喷洒。

50. 大花蕙兰如何防治蟑螂？

答：兰棚靠近住家厨房，经常有蟑螂出现。蟑螂危害幼芽、花穗、花苞、花朵和根尖，造成兰株生长不良和花穗、花朵残缺不全，失去观赏价值。

防治方法：

(1) 将兰棚建筑远离住家厨房，经常清洁兰棚。

(2) 药剂防治：可用克螂药喷洒蟑螂出没的地方，或用硼砂加白糖用水调成糊状，进行毒杀，效果不错。

51. 大花蕙兰如何防治蜗牛和蛞蝓？

答：兰棚一般温暖潮湿，这对于性喜温暖潮湿的蜗牛和蛞蝓而言，是它们生存繁殖的最理想的环境。它们啃食兰株的新芽、新叶、新根、花穗和花瓣，使兰花残缺不全。它们爬过的叶片，都留下银灰色的痕迹，使兰花失去观赏价值。

防治方法：

(1) 清洁兰棚及兰棚四周水沟杂草。

(2) 夜间持手电筒进行检查捕杀。

(3) 如果花架用水管做脚，可以在每只脚上套上剪去瓶底的矿泉水瓶或可口可乐的塑料瓶，这样夜间由地下泥土、水沟爬上花架的蜗牛、蛞蝓则被阻止在塑料瓶内，每天清早检查一次，收集夜间爬入的蜗牛和蛞蝓以便集中杀灭。

(4) 杀蜗剂或6%聚乙醛颗粒剂散布在蜗牛、蛞蝓出没的地方毒杀。

52.大花蕙兰如何防治老鼠?

答：老鼠对大花蕙兰的危害十分严重，特别是农作物收割后的冬天，田间的野鼠都集中到兰棚，它把兰花的幼苗、中苗、甚至大苗以及幼芽、花穗、花苞咬断，就连开花株的假鳞茎也不放过，常常被啃食成碎片。

防治方法：一般采用捕鼠器、电猫、毒饵等方法来对付，但由于老鼠生性狡猾，所以捕杀老鼠的方法要经常改变。

三、蝴蝶兰篇

1. 蝴蝶兰的花语是什么？

答：蝴蝶兰花语：我爱你，幸福向你飞来。蝴蝶兰对应星座是水瓶座和射手座，代表忠诚、智慧、理性、美德。此外，不同花色寓意也有所不同，如：白花蝴蝶兰寓意爱情纯洁，友谊珍贵。红心蝴蝶兰寓意鸿运当头，永结同心。红色蝴蝶兰寓意仕途顺畅，幸福美满。条点蝴蝶兰寓意事事顺心，心想事成。黄色蝴蝶兰寓意事业发达，生意兴隆。迷你蝴蝶兰寓意快乐天使，风华正茂。

2. 蝴蝶兰的名字是怎样得来的？

蝴蝶兰的名字由出生在德国的荷兰人卡尔·鲁德卫奇·布鲁门(1796～1862)所取。布鲁门是近代兰花学科最著名的学者之一，布鲁门为这个属取名蝴蝶兰，就是顾名思义“像蛾的兰花”，因为这个属的第一个种白花蝴蝶兰的两个白色宽大的花瓣，正好像一只蝴蝶。

3. 蝴蝶兰有多少原生种？分布中心在哪里？

答：蝴蝶兰属大约有50个原生种，分布中心在东南亚，原生种主要集中在菲律宾和印度尼西亚。一些蝴蝶兰，如分布在台湾的白花蝴蝶兰或分布在四川、湖北、云南的华西蝴蝶兰，是中国的原生种。所有的蝴蝶兰原生种都是生长在树上或裸露的岩石上，因此它们被称作“寄生兰”(意思是寄生在别的植物上)，与此相应的是“地生兰”(意思是生长在岩石上、地上)。蝴蝶兰主要分布在海拔500～1000米高的热带山区，那儿的温度几乎从不低于20℃，相对湿度也非常高，因为蝴蝶兰生长在树上，所以它能享受到很好的流动空气。如果高温且缺乏空气流动，蝴蝶兰的花会很快凋谢，植株也会很快霉烂。

4. 蝴蝶兰的生活习性是什么？

答：蝴蝶兰畏冷又畏热，过冷或过热的环境都不适合。一般适合气温是16～32℃，温度若低于10℃时，其生长会缓慢停顿下来，若高于36℃时，虽然对生长势较无妨碍，但却容易受疫病侵袭。蝴蝶兰喜欢潮湿的环境，约50%～90%的湿度为佳，如湿度偏低，可用清水喷雾来增加湿度。约每星期浇水1次，每次浇透为佳。基质方面可用芒骨、水苔、兰石混合，盆面一般可放水苔保持其湿度。当花朵完全凋谢后，可以从底部剪去花枝，开始施用兰花肥，约6～9个月左右会再开花。

室外栽培时，请不要在正午前后的强光下直接照射；室内栽培时，请放在光线良好、空气流通的地方。

栽培蝴蝶兰首先要考虑环境，假如在栽植蝴蝶兰前，能设计出最适合其生长的环境，往后栽培蝴蝶兰时，对其生长及减少疫病感染都能收到事半功倍的效果。如受居住环境限制，无法达到最适合其生长的环境时，也需要尽可能把当地的环境改造到适合蝴蝶兰生存、生长的限度内。

5. 蝴蝶兰需要什么样的栽培地?

答：蝴蝶兰栽培地应具备下列条件：

(1) 周围空旷，没有阻挡物，通风条件好。

(2) 较少强风侵袭，或强风来临时，因地形关系，能让损失程度减至最小。

(3) 冬暖夏凉，能缓冲季节性温差。一般这种环境并不多，且都位于高山山脉下的低海拔区。

(4) 交通方便，有公路可达，或离铁路站、飞机场均不远，便于将来物流运输。

(5) 没有疫病作物，如木瓜、茄子等，这些作物与蝴蝶兰感染疫病的真菌相同。

(6) 没有水患，因为下雨园内积水，是蝴蝶兰最严重的致命伤之一，并有良好的排水设施。

(7) 调温容易，且不必增加调温设备，随时可以因更换栽培环境而控制花期。

6. 蝴蝶兰具有哪些适宜的栽培方式?

答：蝴蝶兰既可盆栽，也可吊养。盆栽可用素烧盆、瓷盆、塑料盆或蛇木盆，而吊养则可用蛇木板、蛇木柱、木块、树段等。盆栽中小苗可用水苔混合细蛇木屑栽培，也可用水苔或蛇木屑单独栽培。成株时可用蛇木屑、水苔、珍珠岩、蛭石、泥炭土、木炭、碎砖块等加以混合使用。若基质腐烂或表面长青苔，则需及时换盆。上盆种植时，盆底要用较粗大的基质铺垫，用量可达基质总量的50%左右。吊盆栽培时，不宜选择过于坚硬的材料，而且时间过长基质也会腐烂，同样需要及时更换。

7. 蝴蝶兰的栽培设施需具备哪些特点?

答：蝴蝶兰是一种高温温室花卉，对环境条件的要求比较严格，不适宜的环境条件会直接影响蝴蝶兰的花期甚至全株死亡。因此大规模栽培蝴蝶兰的设施，应具有良好的调节温度、湿度、光照的功能，最好使用现代化智能温室。

8. 企业怎样为蝴蝶兰选择温室?

答：为保证能正常供应市场需要，经营者就利用温室来调节小环境。企业温室面积一般均在3000平方米以上，但因为蝴蝶兰的特殊生长环境要求，所以在不同纬度应选择不同类型的温室，如：

(1) 开天窗水帘型：此种类型比较适合夏天较热，冬天温度也不太低的地方，如中国的南方，此型有利于夏天散热。

(2) 开天窗无水帘型：此类型适合夏天不热，冬天也不冷的地方，如中国的昆明或受海洋性气候影响的地方。

(3) 不带天窗有水帘型：此类型适合夏天不十分热，冬天需保温的地方，如中国东北地区。

(4) 不带天窗无水帘型：此类型因无法调节温室内温度，不适合种植蝴蝶兰等高档花卉，故不常用。

因为是大面积建造，温室除了坚固、耐用，能抗风、雨、雪、雹外，还要有美观外型，所以大部分均用热镀锌骨架为基础，配以PC中空板、PC浪板、玻璃、塑胶膜。材料可以单独使用一种，也可以混合使用，如顶部用玻璃(透光好)、四周用PC板(保温好)。温室的建筑是为在不同的环境，用人工的方法使温度、湿度、光度、通风达到蝴蝶兰的生长要求，所以在盖温室时一定要考虑外部的自然环境，不要生搬硬套。当然，除了外部的结构外，内部的灌溉、消毒、运输等也需要考虑。

9. 低投资时怎样为蝴蝶兰选择温室?

答：低投资温室主要是家庭观赏型温室，一般可分为以下几种：

(1) 小型温室：是企业温室的小型化，投资相对较高。

(2) 日光温室。

(3) 专门养花的房间。

(4) 自家阳台。

10. 怎样控制栽培蝴蝶兰的生长温度？

答：蝴蝶兰的生长发育对环境条件的要求较高，其中最主要的是温度、湿度和光照。

蝴蝶兰适宜栽培温度为白天25～28℃，夜间18～20℃，幼苗夜间应提高到23℃左右。在这样的温度环境中，蝴蝶兰几乎全年都可处于生长状态，尤其是幼苗生长迅速，从试管中移出的幼苗一年半即可开花。蝴蝶兰对低温十分敏感，长时间处于平均温度15℃时则停止生长，在15℃以下，蝴蝶兰根部停止吸收水分，造成植株的生理性缺水，老叶变黄脱落或叶片上出现坏死性黑斑，而后脱落，再久则全株叶片脱光，植株死亡。蝴蝶兰开花后可放置在温度稍低的地方，但室温不宜低于15℃，否则花瓣上容易产生锈样斑点。夏季应注意通风降温，32℃以上的高温会使其进入休眠状态，影响花芽分化。

11. 怎样控制栽培蝴蝶兰的湿度？

答：由于原产地空气湿度大，叶表面角质层薄，抗干旱能力比较差，蝴蝶兰栽培设施内应维持比较高的空气湿度。一般来说，全年均应维持相对湿度70%～80%。

12. 怎样控制栽培蝴蝶兰的光照？

答：蝴蝶兰是兰花中较耐阴的种类，需光量一般是全光照的一半左右，强光直射会造成损伤。可根据季节不同调整光照强度。一般情况下，夏季需光照20%～30%，春、秋季节需光照40%～50%，冬季需光照70%～80%。蝴蝶兰不同苗龄对光照强度的需求也不同，刚出瓶的小苗软弱，光线最好能控制在1万Lx以下，并保持良好的通风条件，中大苗的日照可提高到1.5万Lx，成株的最强日照(尤其在冬天)可提高到2万Lx。调整光照强度的方法一般是遮阳，选择遮光适宜的遮阳网。

13. 怎样进行蝴蝶兰品种选择？

答：蝴蝶兰属原生种的花色除常见的白色和紫红色以外，还有黄色、微绿色或花瓣上带有紫红色条纹的。现有栽培品种群由原种种间和属间杂交而成，除常见的纯白色花和紫红色花品种外，出现了许多中间过渡色，如白花红唇、黄底红点、白底红点、白底红色条纹等等。常见栽培的蝴蝶兰品种分为粉红花系、白色花系、黄色花系、条花系、点花系5个系列。企业可以根据市场需求进行选择，花友则根据自己的喜好进行选择。

14. 怎样进行蝴蝶兰繁殖？

答：蝴蝶兰除在原产地少量繁殖采用分株法外，均采用组培快繁。蝴蝶兰组培快繁可以采用叶片和茎尖为外植体，也可以采用无菌播种法。采用无菌播种法繁殖的优良杂交品种后代分离十分严重，不能保持优良性状，现已基本不用。以叶片为外植体进行无菌繁殖时，切取花梗刚生出1～3枚小叶的幼苗的嫩叶作为外植体。茎尖培养时，选取5～6枚叶片的健壮幼苗，灭菌后剥取带有2～4枚叶原基的生长点作为外植体。以叶片和茎尖作为外植体均是通过外植体产生愈伤组织，愈伤组织分成原球茎，球茎增殖分化和幼苗生长4个步骤形成无菌幼苗。不同品种、外植体、分化阶段采用的培养基不同。一般保持pH5.1～5.3，加入0.1%～0.2%的活性炭和10%～20%的生理活性物质，如土豆泥、苹果汁、椰子汁。

15. 怎样为蝴蝶兰选择基质？

答：蝴蝶兰常用的栽培基质以水草、苔藓为主。

栽培蝴蝶兰的成败与基质有极大的关系，较容易获得的基质有水苔、泥炭藓、碎石、木炭、椰子纤维、蛭石、蛇木屑、碳化稻谷、保丽龙、龙眼树皮及珍珠岩等。另有一种矿石，鹅卵形，质轻多孔，外观与一般石头无异。基于成本及效率考虑，一般应该选择容易取得、好用、通风排水佳、不易酸化腐蚀、且便宜的基质，这也是栽培兰花基质的最佳条件。

16. 怎样为蝴蝶兰选择容器？

答：20世纪80年代以前，通常用泥土烧成的瓦盆。现在，瓦盆已经渐渐被塑料盆所取代。塑料盆因生产厂家不同，颜色和规格也有所不同。如有透明的、不透明的；有白色的、黑色的；有硬盆，还有软盆；有盆底下部留有长形透气孔的，有不留透气孔的。目前比较流行的是硬盆且不留透气孔的，只在盆底留有漏水孔，因为这样兰花的根系才不会从透气孔中长出，有碍观瞻。花盆的规格有2寸、2寸半、3寸、3寸半、4寸、4寸半、5寸、6寸等，花友可根据植株的大小决定适用花盆的规格。塑料盆最好用黑色的，若用透明质料做成的花盆，因能透光，花盆在栽培兰花后，会产生地衣或一些绿色的低等植物，不但影响美观，同时较易影响基质的使用期限。塑料盆在换盆时，根系容易剥离，也比瓦钵干净，质量也轻，这些优点已被兰友所共识，所以瓦盆已渐被塑料盆所取代。

17. 什么时候为蝴蝶兰换盆？

答：换盆是一项重要的栽培管理工作，长期不换盆造成栽培基质老化，苔藓腐烂，透气性差，致使根系向盆外生长，严重时引起根系腐烂，导致全株死亡。

换盆的最佳时期是春末夏初，花期刚过，新根开始生长时。

18. 蝴蝶兰换盆有哪些注意事项？

答：在冬季温度太低时不能换盆，换盆时的温度太低，植株恢复慢，管理稍有不慎，易引起植株腐烂。

切忌小苗直接栽在大盆里。蝴蝶兰的小苗生长很快，春季栽在小盆中的试管苗，到夏季就需要换盆了。这种小苗开始时每盆栽植1株或几株，以后要根据生长情况逐步换大盆栽培。

小苗换盆不必将原植株根部盆栽基质去掉，以免伤根，只需将根的周围再包上一层苔藓或其它盆栽基质，栽种到大盆中即可。注意要使根颈部分与盆沿高相一致。

生长良好的幼苗可4～6个月换盆1次。新换盆的小苗在2周内需放置在荫蔽处，这期间不可施肥，只能喷水或适当浇水。成苗蝴蝶兰盆栽1年以上需换盆。首先将兰苗轻轻从盆中扣出，用镊子将根部周围的旧盆基质去掉，要避免伤根，然后用剪刀将已枯死的老根剪去，再用盆栽基质将根包起来，注意要使根均匀地分散开。

用苔藓和蕨根盆栽时，盆下应充填碎砖块、盆片等粗粒状透水物。上面用1/3的苔藓和2/3的蕨根(或蛇木屑)将蝴蝶兰苗栽植盆中，并稍压紧，能将兰苗固定在盆中即可。

如完全用苔藓盆栽，应将浸透水的苔藓挤干，松散地包在兰苗的根下部，轻压，但不可将苔藓压得过紧，因为苔藓吸水量大，如压得过紧，易造成根部腐烂。苔藓的用量以花盆体积的1.3倍为准。

19. 怎样为蝴蝶兰浇水？

答：适当浇水是养好盆栽蝴蝶兰的条件。一般来说，蝴蝶兰的根部忌积水，喜通风和干燥，如果水分过多，容易引起根系腐烂。通常浇水后5～6小时盆内仍很湿，就易引起根部腐烂。

盆栽基质不同，浇水的时间间隔不同。苔藓吸水量大，可间隔数日浇水1次，蕨根、蛇木块、树皮块等保水能力差，可每日浇水1次。

当看到盆内栽培基质表面变干，盆面呈白色时浇水。生长旺盛时期浇水量要大；休眠期浇水量小。温度高，植株蒸发、吸收水分快，应多浇水；温度低应少浇水。温度降至15℃以下时严格控制浇水，保持根部稍干。

刚换盆或新栽植的植株，应相对保持盆栽基质稍干，少浇水，以促进新根萌发，也可避免老根系腐烂。

冬季是花芽生长的时期，需水量较多，只要室温不太低，一旦看到盆栽基质表面变白、变干燥，就应及时浇水。

20. 怎样为蝴蝶兰选择肥料？

答：所有栽培用的填料养分并不足够兰花使用，一切兰花需用的养分多数来自人为供给，栽培者可以不把填料的养分计算在内，就把填料的养分视为零，而用人为施与。若只栽植在基质中而不予施肥的话，所栽培的兰花生长缓慢，甚至不生长，而且植株较不强健，一般栽培皆每星期施肥一次，施肥的分量及成分依植株需要而供给，最常用的无机肥料有花宝(Hyponex)、速滋、台肥等。花宝计有5种，适用于各种成长阶段的兰花，其使用的浓度亦不需要特别注意，伸缩性大，易溶于水，由1000～2000倍稀释液都有人使用，购买时视自己的需要选择。

有机肥料也为兰界所重视和使用，平常有机肥料皆置放于钵盆内，但亦有浸水腐熟后，再滤去杂质，稀释后使用的，不过腐熟后的有机肥有一股臭味，可用豆渣浸水12小时，便滤去其渣，供蝴蝶兰小苗使用。

21. 怎样为蝴蝶兰施肥？

答：蝴蝶兰生长迅速，需肥量比一般兰花稍大。最常用和使用最方便的是液体肥料结合浇水施用，掌握的原则是少施肥、施淡肥。春天只能施少量肥，开花期完全停止施肥，花期过后，新根和新芽开始生长时再施以液体肥料。每周1次，喷洒叶面或施入盆栽基质中，施用浓度为2000～3000倍。营养生长期以氮肥为主，进入生殖生长期，则以磷、钾肥为主。蝴蝶兰幼苗期、生长期、开花期对养分的需求量不同，根据其不同生长发育阶段对矿质养分的需求配制的复合肥料“花多多”在生产上使用效果很好。

22. 怎样使蝴蝶兰春节开花？

答：蝴蝶兰正常的开花期在3～5月，因此大多数品种不能在春节期间开花。如要求蝴蝶兰在春节期间开花，就需对其花期进行调控，具体措施如下。

(1) 温室控制花期：蝴蝶兰的开花时间可以通过调节温度控制。蝴蝶兰在设施栽培条件下，通常设高温室(25～30℃)和低温室(18～25℃)。前者作蝴蝶兰的营养生长温室，后者作蝴蝶兰的生殖生长温室。蝴蝶兰开花株在低温室处理1个半月后可形成花芽，花芽形成后夜间温度保持在18～20℃，再经3～4个月便可开花。试验表明，花芽分化率与每日低温处理的时间长短有关，每天低温处理18小时的植株，花芽分化率达100%；每日低温处理的时间越短，花芽分化率越低。当花梗长到10～15厘米时，可结束低温处理，否则会延迟开花。此种栽培方式属高投入、高产出，需投入较多的资金。每1000平方米的温室可种植蝴蝶兰15000～20000盆。

(2) 高山气候调节：蝴蝶兰可以通过高山气候来调节温度，促使其在春节开花。近年来，一些科研单位开展了利用高山气候资源生产名贵花卉的研究，成功实现了蝴蝶兰在春节开花。其具体做法是：8～10月在海拔800米的高山上进行蝴蝶兰催花处理，诱导花芽形成和生殖生长，当花芽长至一定程度时，再移至山下，经温室栽培可在春节开花。

(3) 生产蝴蝶兰组培苗：在一般条件下，组培苗经过16个月的栽培便可开花。蝴蝶兰是多年生花卉，一般来讲，株龄越长，蝴蝶兰开花整齐度越高，花朵数越多，花朵直径越大，花期越长。因此，要获得优质的开花株，可选用2年以上株龄的植株(6～8片叶)进行促花处理，花朵数可达 8～10朵。

(4) 矮壮素处理：经过处理后可抑制徒长，提高开花质量。当花芽长至0.5厘米时，用矮壮素处理几次，至花芽长至1.0厘米时为止，在低温室管理，可使花枝上的花朵紧凑，花姿美丽。此方法主要应用于切花品种作盆栽时。

23. 如何进行蝴蝶兰管理？

答：所有蝴蝶兰的管理着重于勤字，它不像卡特兰或石斛兰可以半粗放栽培。

苗株出瓶后需用1000倍甲基多保净稀释液浸置洗涤，处理苗株时，手上要戴塑胶手套，不必去触摸杀虫剂，若触摸到了，一定要用肥皂洗干净，最好不要只用清水洗涤。洗涤干净后，放置在有孔的塑胶皿内风干再在栽植。所有栽培小苗用的基质需洗涤干净，若用1/2三号蛇木屑，1/4泥炭土，1/4二分碎石混合基质栽植，较经济，效果亦不错，一些业者已不用水草来栽培小苗了，因为水草价格贵，若用来栽培外销用的小苗成本太高，可能划不来，但有人亦用1/2三号蛇木屑，1/4细椰子壳纤维，1/4二分碎石的混合基质，据说效果不差。

若用水草来栽植，最长6个月就必须换材料，因为水草较易酸败，若不换基质的话，持续到7～8个月，根系便受到影响，而开始毁损。若用混合基质的话，这种情况就会改善一些。

正常的换盆工作绝对必要，植株生长到某种程度，就要用适合其生长条件的盆钵，中苗使用盆钵的大小，最好能和植株的叶幅长度成一定比例，如10厘米直径的盆钵，其栽培的中苗，叶幅宽不超过27厘米，亦即植株冠幅为盆钵直径的3倍，就需要换盆了。当然，成株并不是按此比例而定，若为企业栽培贩售者，以15厘米的盆钵为最大使用程度，若用较大的盆钵，不但不经济，而且也比较占空间，填料亦使用较多，增加了成本。若为兴趣栽培者，就不必去考虑这个问题，当然，名贵的植株，需用较大的盆钵。

24. 冬季怎样管理蝴蝶兰？

答：蝴蝶兰原产亚洲热带地区，为附生兰类，北方冬季需在高温温室栽培。创造适宜蝴蝶兰生长的环境条件，主要做好以下几方面的工作：

(1) 温度：蝴蝶兰生长的适温为白天25～30℃，超过32℃，对生长和花芽分化不利，夜间18～20℃，不得低于15℃。如果一直保持较高的温度，则利于其开花。

(2) 湿度：蝴蝶兰喜欢较高的空气湿度，生长期间应保持在70%～80%，因此，应经常往周围的空间喷水以增加湿度，但基质的水分不可过大，否则易烂根，稍干的基质利于新根的生长。

(3) 光照：每天根据天气状况及时打开遮阳网以促进蝴蝶兰的光合作用，在温度较高或湿度过大时，开天窗使之通风透气。

(4) 施肥：蝴蝶兰施肥坚持“薄肥勤施”的原则，可将1500倍复合肥与5000倍硼酸混合喷雾，以后每隔1周施1次1500倍复合肥。另外蝴蝶兰为肉质根，要使其根系肥厚，钾肥的施用就比较重要。

(5) 病虫害防治：为预防病虫害的发生，于进苗前将温室进行消毒，平时定期喷杀菌剂，一般每周1次，并且喷药时尽量选择在晴天。

25. 怎样进行蝴蝶兰花后管理？

答：蝴蝶兰花期一般在春节前后，观赏期可长达2～3个月。当花枯萎后，须尽早将凋谢的花剪去，这样可减少养分的消耗。如果将花茎从基部数4节至5节处剪去，2个月至3个月后可再度开花，但这样植株养分消耗过大，不利于来年的生长。如想来年再度开出好花，最好将花茎从基部剪下。当基质老化时，应适时更换，否则透气性变差，会引起根系腐烂，使植株生长减弱甚至死亡。一般在新叶生长出的5月份换盆为宜。

26. 蝴蝶兰盆花何时上市好？

答：由于蝴蝶兰花期长，从花开始显色时即可上市，至盛花期观赏价值更高，但不利于长途运输。

27. 蝴蝶兰切花如何采收？

答：切花在花序上最后一朵花蕾半开时采收，花梗基部斜切，采后立即在烫水中浸蘸30秒，然后按品种、品质分级包装，并用含水的塑料管套住保鲜。将切花浸入200毫克/升 8-HQC+25毫克/升 $AgNO_3$+20克/升蔗糖的保鲜剂中，在7～10℃温度下可储存10～14天。

28. 家庭养护蝴蝶兰应注意哪些问题？

答：(1) 温度：家庭养蝴蝶兰，首先要保证温度。蝴蝶兰原产于热带地区，喜欢高温高湿的环境，生长时期最低温度应保持在15℃以上。蝴蝶兰(尤其是白花蝴蝶兰)白天温度在27℃，夜间温度保持在18℃左右时，长势良好。秋冬和冬春之交以及冬季气温低时应注意增温。一般冬季有供暖设备的房间，这个温度不难达到，但要注意，千万不要将花直接放在暖气片上或离之过近。夏季温度偏高时，需要降温，并注意通风，若温度高于32℃，蝴蝶兰通常会进入半休眠状态，要避免持续高温。春节前后为盛花期，适当降温可延长观赏时间，开花时，夜间温度最好控制在13～16℃，但不能低于13℃。

(2) 水分：蝴蝶兰属于附生兰，在原产地大都着生在树干上，根部暴露在空气中，可以从湿润的空气中吸取水分。当人工栽培时，根被埋进栽培基质中，如浇水过多，基质通气性就会变差，肉质根就会腐烂，一般叶子变黄，严重时导致死亡。浇水的原则见干见湿，当栽培基质表面变干时再浇一次透水；一般浇水宜在晴朗有阳光的上午进行，水温应与室温接近。当室内空气干燥时，可用喷雾器直接向叶面喷雾，但注意，花期喷水不可将水雾喷到花朵上去。

(3) 光照：尽管蝴蝶兰较耐阴，但仍需要使兰株能接受部分光照，尤其花期前后，适当的光可促使蝴蝶兰开花，使开出的花艳丽持久。一般应放在室内有散射光处，勿让阳光直射；如放在室内窗台上，要用窗纱遮去部分阳光。

(4) 营养：栽培蝴蝶兰一般选用水草、苔藓作栽培基质。施肥的原则应少施肥、施淡肥。正常生长期施用兰花专用肥2000倍液，进行根部施肥，视生长情况，2～3周1次。开花前可选用15-30-15水溶性高磷肥1000～2000倍液，约10天左右喷施1次。花期和温度较低的季节停止施肥。

29. 蝴蝶兰家庭栽培失败的常见原因是什么？

答：蝴蝶兰家庭栽培失败的常见原因有4个：

(1) 浇水过频：栽培蝴蝶兰的朋友，总是担心蝴蝶兰缺水，不管栽培基质是否干燥，天天浇水，结果造成严重烂根。

(2) 温度过低：通常蝴蝶兰开花株上市的时间大多在早春，而买回家后一般也都置于客厅等处欣赏，这些地方的日温虽然足够，但夜温却稍嫌偏低。另一方面，专业栽培的兰花大多是在设备良好的温室里，相比之下，家里的温度和湿度都稍嫌不足，使得植株的长势往往会日益衰弱。因此，有时不论养护得多么好，兰花仍有不开花的时候。

(3) 施肥过量：有肥就施，而且不注意浓度，觉得施了肥就会长得快。须知蝴蝶兰宜施薄肥，应少量多次。切记“进补”不可过度，不然适得其反。

(4) 小株种大盆：觉得用大盆，可以给蝴蝶兰宽松的环境，用料充足。其实用大盆后，水草不易干燥，须知蝴蝶兰根喜通气，气通则舒畅。

30. 家养蝴蝶兰如何预防烂根？

答：家庭莳养蝴蝶兰，受条件限制，往往制约了蝴蝶兰的生长，有时浇水不当或盆土基质不良，就会出现烂根现象，逐渐死亡。养花者一看根烂了，就放弃而扔掉，实为可惜。有的花友通过几年的实践，总结了一些办法，不妨试试。首先是选盆土，一定要选用疏松、通气、透水的基质，如草炭掺珍珠岩，草炭掺松针、苔藓等都可以。用有机肥做底肥。其次是保持盆土湿润，但是不能积水，积水是烂根的主要原因。要注意观察，浇水后，很长时间渗不下去，说明盆土使用时间长，密度增大，应赶紧换土，以免烂根。

31. 家养蝴蝶兰烂根以后怎么办？

答：一旦烂根，怎么办？可将盆土磕出弄散，用净水将根部冲洗干净，剪掉烂根，尽量保留完好部分，只要有残根就有望救活。将剪口和残留的根用高锰酸钾0.2%溶液泡10分钟，晾干，再用草木灰把剪口涂抹好，就可以重新上盆。盆土一定要消毒，可用开水将盆土浇透，晾凉后再用。重新上盆时，将根颈部按实，浇透水，放于遮荫处，罩上薄膜，保持20℃左右，大约20天就能长出新根。

32. 怎样为家养蝴蝶兰换盆？

答：(1) 选盆：一般选用素烧陶盆或塑料盆，以多孔盆为好。为便于透气宜用浅盆，盆高最好小于盆直径。

(2) 培养基质选用：蝴蝶兰为典型的附生兰，它的根系发达，栽培基质必须具备疏松、通风、透气性好、耐腐烂的特点。根据花友的栽培经验，北方养蝴蝶兰宜就地选用松针叶、花生壳、树皮丝等作为基质。每年必须换盆，如果不及时换盆，盆栽基质腐烂造成紧缩、透气性差，兰株长势严重衰退，甚至死亡。

(3) 换盆时间及方法：蝴蝶兰换盆的最佳时期是春末夏初，温度最好在20℃以上，此时花期刚过，新根开始生长。换盆时，先剪去花茎，将原用的营养钵轻轻去掉，用手指将下部的旧基质挖出，将干枯的老根、有锈斑的根、断根剪去，盆底用碎瓦片垫起，用消过毒的湿松针叶给盆底先放入一层，把蝴蝶兰的根均匀散开放入盆内，再继续将松针叶放在兰株根系处，轻轻压实，使兰株站稳。栽植时应注意兰株的根颈部要与盆沿高一致，然后喷水放置室内通风处，这期间不宜施肥，在管理上只需喷水和适当浇水，1个月后就能长出叶芽，再进行正常管理。

33. 怎样为家养蝴蝶兰保温？

答：蝴蝶兰主要分布在热带低海拔沿海地区，最适生长栽培温度为白天25～28℃，夜间18～20℃。蝴蝶兰对低温十分敏感，长时间处于15℃时则停止生长，温度在15℃以下时根部停止吸收水分，叶片出现坏死黑斑，时间过长叶片开始变黄而脱落。每年在冬前和翌年初春（即采暖期前后）是北方气候多变时期，室内温度均达不到15℃，这是一年当中最难养护时期，应将兰株放在室内朝阳处，少浇水，必要时给地面洒水，晚上给兰株套袋进行保温。

34. 怎样为家养蝴蝶兰保湿？

答：蝴蝶兰喜湿，但忌积水。在生长期不能缺水，如长时期缺水会使叶片发黄，无法补救。用松针叶栽培的蝴蝶兰不会积水，在浇水时用喷壶喷水，到盆底流出水为止。经常给兰盆周围洒水保持空气湿润，但注意不要使兰叶心部积水，尤其冬季夜间，禁止将水喷洒到叶片上。

35. 怎样为家养蝴蝶兰施肥？

答：蝴蝶兰因生长快、生育期长，应采取薄肥勤施。

5月份兰株刚换盆，正处于恢复期不施肥。6～9月为兰株生长期，应每周施1次，做到叶面肥和磷酸二氢钾交替使用，也可用农家肥加水发酵后浇灌肥水，有条件可买兰花专用肥和“花宝”液体肥，稀释2000倍喷洒叶面和栽培基质上。夏季高温时停止施肥。秋末兰株生长渐缓，应减少施肥，施肥过多往往造成兰株过于旺盛，影响花芽形成，致使不能开花。

36. 家养蝴蝶兰怎样通风和遮荫？

答：蝴蝶兰喜通风，忌闷热，通风不良易引起烂根、生长不良。

冬季气温低，可在晴天中午短时间通风，风口不要直接吹向兰株。蝴蝶兰在自然状态下附生在密林树荫处，形成了喜半阴的习性。家庭栽培时，冬季少遮光，春秋季多遮光，夏季阳光强、气温高，应特别注意遮荫，加强通风。

37. 家养蝴蝶兰怎样进行花期管理？

答：家庭养蝴蝶兰因温度和湿度的限制，1年只能长出2～3片叶，叶单生于顶部，花芽长在两片叶子中间，花芽形成后，温度在18～20℃，经3～4个月养护就可以开花。当花茎抽出后，在花盆中先设临时支撑，防止花茎倒伏，花茎固定好要分多次进行，以免花茎折断。当第一个花蕾长大时，花盆的摆放方向就不能转动，否则会造成蝴蝶兰上各花的方向不一致。在盛花期温度应控制在15～18℃，加强通风和湿度，花期可长达4个月之久。

38. 蝴蝶兰主要的病虫害有哪些？

答：危害蝴蝶兰的病虫害主要有软腐病、褐斑病、炭疽病和灰斑病等。

一般温室栽培的虫害较少，主要有蜗牛和一些夜间活动的咬食叶片的金龟子、蛾类和蝶类。

39. 怎样防治蝴蝶兰软腐病？

答：全株发病。初在叶部及根颈部生长水浸状斑点，并迅速扩大为淡褐腐烂斑。从叶背侵入的病原菌，叶面呈黄色病斑。从根颈处侵入病原菌，则整株迅速变黄。软腐病腐烂处发出臭气，接着被害部崩溃，内含物流出，病部呈纸状干枯。

病原：为细菌*Erwinia carotovora*，为一种杆状细菌。喜好高温、高湿的蝴蝶兰易被侵害发病。

传染途径：病原菌在土壤中广泛存在，可侵害多种植物。易从害虫、刀具及搬运时造成的伤口处侵入。

防治方法：

(1) 及时剪除病叶及其它病组织；

(2) 药剂防治，可用75%百菌清600～800倍液或农用链霉素200ml/m³喷洒。

40. 怎样防治蝴蝶兰褐斑病？

答：褐斑病发生在夏秋高温多湿天气，主要发生在叶片上，发病初期叶片出现圆形小斑点，以后逐渐扩大成大斑，病斑黑褐色，严重时叶片变黑枯萎。

防治方法：注意通风、透光。发病初期用10%宝丽安（多抗霉素）80倍液每半月喷洒1次。

41. 怎样防治蝴蝶兰疫病？

答：植株各部位均可发病，但以叶及根颈处发病较多。初生水浸状褐色小斑，扩大后形成腐烂大型病斑。病斑黑褐色，有时病斑腐烂处生有薄白霉层。末期呈褐色纸状干枯。

病原：有棕榈疫霉*Phytophthora palmivora*与恶疫霉*P. cactaoram*.

传染途径：本菌属鞭毛菌类。病菌在水中自由游动，自根的先端及根颈处侵入。也可由水滴侵入叶片。湿度高，易发病。该病菌还可侵害多种草花类、蔬菜类及果树类。

防治方法：

(1) 切除受害部位，或把病株隔离单独管理，以免传染。

(2) 初发现病株时，可选择下列药剂喷施或灌根：一是喷雾：常用喷雾剂有25%甲霜灵可湿性粉剂600倍液，40%疫霉灵可湿性粉剂250倍液；58%甲霜灵锰锌可湿性粉剂500倍液，40%甲霜铜可湿性粉剂700倍液，64%杀毒矾可湿性粉剂500倍液或77.2%普力克水剂800倍液。也可用72%克露或克霜可湿性粉剂1000倍液、18%甲霜胺锰锌可湿性粉剂800倍液。二是灌根：用50%甲霜铜可湿性粉剂600倍液，或60%琥·乙磷铝可湿性粉剂400倍液灌根，每株灌药液300克。

42. 怎样防治蝴蝶兰灰霉病？

答：灰霉病发生在春季低温高湿时，一般在白花花瓣上出现褐色的小斑点，严重时发生软腐现象。

防治方法：

(1) 加强通风，降低湿度，立即剪除发病花朵；

(2) 发病初期用75%甲基托布津可湿性粉剂1000倍液喷洒，每10天喷1次，连喷2次。

43. 怎样防治蝴蝶兰叶斑病？

答：叶斑病主要发生在叶片上，发病初期叶片上出现小斑点，以后发展成近圆形的病斑，病斑边缘有水渍状黄色圈，界限明显。

防治方法：

(1) 加强通风，降低空气湿度，剪除病叶；

(2) 发病期用75%的百菌清可湿性粉剂800倍液喷洒，每10天喷1次，连喷3次。

44. 蝴蝶兰都有哪些虫害?

答：最常见的蝴蝶兰虫害有数种，但是温室窗户若能外加防虫网，事先预防一些害虫，相信很有效益，预防胜于治疗，如一些纺织娘、蝗虫、蜗牛等体型较大的害虫便不能侵入。

45. 蝴蝶兰怎样防治介壳虫?

答：介壳虫的种类很多，形状不一，大部分的介壳虫皆会伤害蝴蝶兰，而且都是利用刺吸口器刺入叶片组织内吸食其营养，所以，被介壳虫伤害的植株，其株体衰弱，叶片黄萎，若不加以防治，到最后植株会因而衰灭。

任何介壳虫，皆可用50%大灭松乳剂1000倍液，50%马拉松乳剂800倍稀释液，并于每升中加入1.2%高级夏油防治之。

介壳虫皆能分泌甜蜜汁，所以有介壳虫的地方，便有蚂蚁，而且蚂蚁会运输其卵至健康的植株上，使其定居并分泌蜜汁供蚂蚁吸食，若见到植株上有蚂蚁在辛勤耕耘时，便需注意是否有介壳虫的侵入，而且蚂蚁亦能传播细菌疫病，所以要立即用免敌克喷洒扑杀。

46. 蝴蝶兰怎样防治蚜虫?

答：蚜虫有大麦蚜、高粱蚜、豆蚜、玉米蚜等，其防治方法和介壳虫一样，在此不再赘述。

47. 蝴蝶兰怎样防治蝗虫?

答：蝗虫有台湾大蝗、背条土蝗、小蝗等，能咬食叶片，伤害蝴蝶兰之株体，但其危害程度不大，因为依目前的温室设备，足够防治蝗虫的侵入，若有此虫害时，可施用免敌克1000倍液，或用人工捉除。

48. 蝴蝶兰怎样防治蛾类幼虫？

答：蛾类幼虫虫害发生于春初，任何蛾类皆可能产卵在蝴蝶兰的叶片上，而孵化出小虫来啃食叶片，所以于春初便要施用除虫菊精来防治。若见到蝴蝶兰的叶片被某种不明虫类啃食时，需立即做适当的处置，用人工将虫找出捏毙，或喷洒杀虫药剂防治。一般杀虫剂可选除虫菊精或合成除虫菊精使用，以减少杀虫剂对人体的伤害机会。

49. 蝴蝶兰怎样防治软体动物？

答：软体动物种类很多，但就蜗牛就让栽培者头疼，凡有见到大小蜗牛或软体动物的踪迹，必须立即施用乙醛诱杀之，以免危害到植株，尤其非洲大蜗牛的食量很大，一个夜晚便可啃食数棵小苗，损害不浅，所以栽培者需时时注意温室内的动静，谋求对策防治任何虫害。每当雨季，每隔一个月便施用乙醛于园内各处。

50. 使用杀虫剂应注意哪些问题？

答：凡是杀虫的药剂，在使用上需注意到对人体的安全，而不必去相信一些没有根据的建议或介绍。但只要能使用于环境卫生的杀虫剂，皆可买来施用于蝴蝶兰的杀虫，这点很需要提醒兰友，千万不可用药不当心。所施用的杀虫剂，可于农药专卖店购买，并仔细询问用药安全细节，不要外行充当内行，到时受伤害的还是自己。

四、卡特兰篇

1. 卡特兰是因何得名的？

答：卡特兰可能是人类最早栽培的洋兰之一。据有关资料记载，这种植物的茎于1818年被英国人用来作为捆扎材料，从巴西带到了英国。英国园艺学家威廉卡特里(William Cattley)将这些枝条栽培了起来，并于1824年开花。这时，植物学家林德雷(Dr. Lindley)看到了卡特兰的美丽花朵，认为是兰科植物的新种，于是用卡特里的名字命名了卡特兰所在的卡特兰属(*Cattleya*)。

2. 为什么卡特兰具有洋兰之王的美誉？

答：卡特兰又名嘉德丽亚兰，因其花朵硕大，色泽艳丽，富有美感，品种众多，有的种还具有芳香气味，被誉为洋兰之王。

3. 卡特兰的花语是什么？

答：卡特兰的花语是敬爱、倾慕。送一盆红色、粉红、橙红、紫红的卡特兰给女友，将表示你的真情和爱慕。

4. 卡特兰有多少品种？

答：卡特兰属有60多个种。经过人们近200年的栽培育种，现在的园艺品种繁多，已经成为一类重要的兰科观赏植物。现常见的品种有大花卡特兰、蕾丽卡特兰、橙黄卡特兰、两色卡特兰等和大量杂交优良品种。大多数是它与其它属如巴拉索兰属(*Brassavola*)、蕾丽兰属(*Laelia*)等杂交培育出的优良品种。

卡特兰属原产热带美洲，为多年生草本植物，属附生兰，常附生于林中树上或林下岩石上，周年常绿。假鳞茎呈棍棒状或圆柱状，植株有1~3片革质厚叶，是贮存水分和养分的组织。花单朵或数朵，着生于假鳞茎顶端，花大而美丽，色泽鲜艳而丰富，有白、黄、橙红、深红、紫红和复色。常见品种有黄色的‘香山’、‘落日’，绿色的‘榆林’，白色的‘优美’，粉红色的‘真美’，红色的‘火球’，紫红的‘长河’，双色的‘圣诞糖果’等。花萼与花瓣相似，唇瓣3裂，基部包围雄蕊下方，中裂片伸展而显著。

5. 卡特兰的生态习性是什么？

答：卡特兰原产于南美洲热带丛林中，喜温暖、湿润、半阴的环境，生长适温为15~26℃，越冬温度夜间为8~10℃，白天要高出夜间5℃以上。在这种环境中，卡特兰的叶片和假球茎呈深绿色，富有光泽，花芽可顺利成长开花。若温度在5℃左右，则叶片呈现黄色，假球茎产生皱纹，花芽不能长大，花鞘变褐，生长严重受阻。若夜间温度高于20℃，往往会导致花期过短。春、夏、秋应遮去阳光的50%左右，空气湿度四季保持在80%以上。1年开花1~2次，赏花期一般为3~4周左右。

6. 我国是从什么时候开始栽培卡特兰的？

答：我国栽培卡特兰的时间不长，大规模生产还是20世纪80年代以后，但在花卉市场上享有很高的地位，备受市民青睐，成为节庆佳日馈赠亲朋的重要花卉之一。

7. 怎样应用卡特兰？

答：卡特兰花形、花色千姿百态，绚丽夺目，常出现在喜庆、宴会上，用于插花观赏。如用卡特兰、蝴蝶兰为主材，配以文心兰、玉竹、文竹瓶插，鲜艳雅致，有较强节奏感。若以卡特兰为主花，配上红掌、丝石竹、多孔龟背竹、熊草，则显轻盈活泼。

8. 如何为卡特兰选择适宜的放置场所？

答：11月到翌年1月置于窗边阳光直射处。2～10月置于50%程度的遮光处。户外最低温度达到15℃时，置于户外没关系，但是不能受到夜间露水和雨水。开花株置于最低温度5～13℃的寒冷处，开花期比较长。湿度在50%以下时花期变短，所以在室内干燥的时候，用雾水浇遍花的全身。

9. 卡特兰常见的繁殖方式有哪些？

答：繁殖用分株、组织培养或无菌播种。

10. 卡特兰如何进行分株繁殖？

答：卡特兰多用分株繁殖，3月待新芽刚萌发或开花后将基部根茎切开，每丛至少有2～3个假鳞茎并带有新芽，株丛不宜太小，否则新株恢复慢，开花晚。

11. 卡特兰如何保持适宜的栽培温度？

答：卡特兰的生长适温3～10月为20～30℃，10月～翌年3月为12～24℃，其中白天以25～30℃为佳，夜间以15～20℃为最佳，日较差在5～10℃较合适。冬季棚室温度应不低于10℃，否则植株停止生长进入半休眠状态，低于8℃时，一般不耐寒的品种易发生寒害，较耐寒的品种能耐5℃的低温。秋末冬初当环境温度降至12℃以下时，应及早搬入室内。夏季当气温超过35℃以上时，要通过搭棚遮荫、环境喷水、增加通风等措施，为其创造一个相对凉爽的环境，使其能继续保持旺盛的长势，安全过夏，避免发生茎叶腐烂。

12. 卡特兰如何保持适宜的光照？

答：卡特兰喜具散射光的半阴环境。若光线过强，其叶片和假球茎易发黄或被灼伤，并诱发病害。若光线过弱，又会导致叶片徒长、叶质单薄。一般情况下，春、夏、秋三季可用黑网遮光50%～60%，冬季在棚室内不遮光，搁放于室内的植株可置于窗前，稍见一些直射阳光。

13. 卡特兰如何保持适宜的湿度？

答：卡特兰不仅要基质湿润，而且要求有较高的空气湿度。它为附生兰，根系呈肉质，宜采用排水透气良好的基质，以免发生积水烂根。生长季节要求水分充足，但也不能浇水过多，特别是在温度低、光照差的冬季，植株处于半休眠状态，要切实控制浇水，否则易导致其烂根枯死。另外，卡特兰在花谢后约有40天左右的休眠期，此一时期应保持基质稍呈潮润状态。一般在春、夏、秋三季每2～3天浇水1次，冬季每周浇水1次，当盆底基质呈微润时，为最适浇水时间，浇水要一次性浇透。水质以微酸性为好。不宜夜间浇水喷水，以防湿气滞留叶面导致染病。卡特兰一般应维持60%～65%的空气湿度，可通过加湿器每天加湿2～3次，外加叶面喷雾，为其创造一个湿润的适生环境。

14. 卡特兰如何选择适宜的栽培基质？

答：卡特兰的栽培基质，通常可用蕨根、苔藓、树皮块、水苔、珍珠岩、泥炭土、煤炉渣等混合配制。一般生长旺盛的植株，每隔1～2年更换一次基质，时间最好在春季新芽刚抽生时或花谢后，结合分株进行换盆。

15.如何为卡特兰上盆和换盆？

答：春天，新芽伸到2～5厘米，或绿根伸出时，最适合换盆移栽。

卡特兰通常用蕨根、泥炭藓、苔藓、树皮块或碎砖等为培植材料。上盆前盆底先填充一些较大颗粒的碎砖块或木炭块，再用蕨根2份、苔藓2份、泥炭藓1份混合使用，或使用加工成直径1厘米大小的龙眼树皮、栎树皮。栽植深度以使新芽的生长部位刚好露在培养材料的表面或稍没过一点为宜。栽种2～3年后的卡特兰，植株逐渐长大，原来的盆钵已无法容纳其拥挤的根系，盆钵内的培养材料也大都腐烂，这时应及时换盆，并结合换盆进行分株。一般换盆的时间以新芽刚刚长出时进行较合适。即将开花的植株，需等开过花以后再换盆。

16.如何为卡特兰施肥？

答：卡特兰所需的肥料，有相当一部分可通过与其根系共生的菌根来获得，需肥相对较少，忌施人粪尿，也不能用未经充分腐熟的有机肥，否则易导致植株烂根坏死。可用沤制过的干饼肥末或多元缓释复合肥颗粒埋施于基质中。生长季节，每半月用0.1%的尿素加0.1%的磷酸二氢钾混合液喷施叶面一次。当气温超过32℃、低于15℃时，要停止施肥，花期及花谢后休眠期间，也应暂停施肥，以免出现肥害伤根。

17.如何为卡特兰进行日常管理？

答：春、夏、秋三季是卡特兰生长时期，要求有充足的水分和较高的空气湿度，不可过分干燥，并注意遮阳至半阴。冬季卡特兰处于休眠期，要控制浇水，约10天左右浇水1次即可。应给予充足的光照。施肥以稀薄的液肥为好，生长季节每1～2周施1次腐熟的饼肥水，冬季应停止施肥。

18.如何防治卡特兰花斑病?

答：卡特兰花斑病会在花瓣上产生明显的斑纹。由于品种不同，有时在叶片上产生紫红色轮纹及山峰状斑纹。感病株花的寿命短，由于症状出现，使观赏价值大为降低。为世界性病害。

病原：为齿瓣兰环斑病毒ORSV。

传染途径：汁液传染，可通过刀器及手指等传染。从病株盆体流出的水也可传染。本病毒寿命非常长，在汁液状态经过10年仍有致病性。寄主范围包括许多兰科植物。

防治方法:

(1) 苗床药土处理，每平方米苗床用多菌灵5克与25千克细土拌成药土，播种时做垫土和覆土；

(2) 发病初期喷淋20%甲基立枯磷乳油(利克菌)1200倍液；

(3) 根腐病、株腐病混合发生时，可用72.2%普力克800倍液加50%福美双800倍液喷淋。

19.如何防治卡特兰坏死病?

答：卡特兰坏死病为世界性病害。中国的东南部常见。初在叶肉处生淡褐色坏死斑，后沿叶脉形成长形黑褐色坏死条斑。病斑发展，叶肉细胞崩坏，表皮凹陷呈坏死斑。坏死斑在叶面增多，形成坏死轮纹与坏死斑纹。严重时，着花数少，而且花的寿命短，受害加大。由于品种不同，有的开花期全然没有症状，但4～5日后花瓣发生坏死，严重时枯死。

病原：为国兰花叶病毒CyMV。

传染途径：汁液传染，栽培管理中使用剪刀等器物及手指等易传染。而且从病株的根部，病毒可游离，在灌水时从盆底流出传染。本病毒寄主范围除卡特兰外，还有国兰、石斛、万带兰等兰科植物约40属。

防治方法：

(1) 发病时要及时清除、烧毁病株，在病区对花盆、泥炭、石砾等基质应进行高温消毒。

(2) 分根繁殖或换盆时，每次做完一株，手及操作工具都应用2%的福尔马林和2%的氢氧化钠水溶液，或164克无水的(或377克含结晶水的)磷酸三钠加1升水的溶液进行消毒处理。

(3) 兰花管理过程，尽量避免损伤叶片，以防枝叶摩擦传染。及时杀灭蚜虫，可用40%乐果1500倍液或39%除虫菊1000倍液喷洒。

20. 如何防治卡特兰灰霉病？

答：世界各地均有发生。为低温高湿性病害。花上发病，初在花瓣及萼片上生水浸状小斑点，一般情况下斑点停止发展，但在高湿度时病斑逐渐扩展，严重时发生水浸状褐色腐烂，在温室内可在病部生灰色霉层。

病原：为灰葡萄孢霉*Botrytis cinerea* Per.

传染途径：本病原菌喜低温高湿，生育适温15～23℃。腐生繁殖性强，易在其它病虫害危害的茎、叶、花及动物死体上增殖，形成大量的孢子，在空气中传播。通常情况下，附着在花瓣上的病菌孢子侵入组织内引起发病，但附着在健叶及假鳞茎的孢子虽可萌发，但不能侵入组织内，所以在兰科植物中，主要以花受害。

防治方法：

(1) 在栽培上，要注意通风，增加光照，水肥施用不宜过多。

(2) 一旦发现花朵感染此病，应立即进行剪除，隔离或烧毁感病植株，并对其它健康植株进行预防性消毒。

(3) 在发病时，可喷施50%多菌灵1000倍液和50%速克灵1000倍液，每隔7天轮换使用，连续使用1个月左右，效果较好。

(4) 也可用65%代森锌可湿性粉剂800倍液、70%甲基托布津可湿性粉剂1000倍液、75%百菌清800倍液喷洒防治。

21. 如何防治卡特兰炭疽病？

答：叶上发病。初生淡绿色圆形小斑点，接着斑点逐渐扩大，形成灰褐色病斑。老病斑上常形成黑色小粒点。

病原：为刺盘孢*Collectotrichum* spp，病斑上的黑色小粒即分生孢子盘。

传染途径：以空气传染为主。一般分生孢子附着在健康植株体上，即使侵入也很少发病，而呈潜伏状，植株活力下降时，病菌即可活动引发病症。

防治方法：

(1) 改善栽培环境，增加光照和通风，降低空气湿度。适当施用钙含量高的肥料，增强植株的抵抗力。对于发病的叶片要及时剪除，伤口处涂抹杀菌剂。

(2) 发病初期喷洒50%多菌灵可湿性粉剂800倍液，或50%炭疽福美可湿性粉剂500倍液，或75%百菌清500倍液，或70%甲基托布津可湿性粉剂800倍液。

五、文心兰篇

1.文心兰是什么？

答：文心兰是一种极美丽而又极具观赏价值的兰花，是世界上重要的兰花切花品种之一，适合于家庭居室和办公室瓶插，也是加工花束、小花篮的高档用花材料，现世界各地均有栽培。

文心兰又名舞女兰、跳舞兰。是兰科多年生草本花卉。文心兰原种原生于南美洲和北美洲的南部，分布地区较广，有热带、温带、高山的温带和寒带等，种类分布最多的有巴西、美国、哥伦比亚、厄瓜多尔及秘鲁等国家。花色有紫色、纯黄、褐色、黄绿、洋红色等。可全年开花。

2.文心兰有哪些特点？

答：兰科文心兰属植物，全世界原生种多达750种以上，而商业上用的千姿百态的商品种多是杂交种。

文心兰属于气生性兰花，具有卵形、纺锤形、圆形或扁圆形的假球茎。它的形态变化较大，假鳞茎为扁卵圆形，较肥大，但有些种类没有假鳞茎。叶片1～3枚，可分为薄叶种、厚叶种和剑叶种。薄叶种叶片较薄，稍革质，多数植株生长健壮，适合中温温室种植；厚叶种耐干旱能力强，在温室内栽培,冬天几十天不浇水也不至于因干旱而死亡；剑叶种株型较小，适于家庭栽培。一般1个假鳞茎上只有 1 个花茎，一些生长粗壮的也有可能2个花茎。有些种类1个花茎只有1～2朵花，有些种类又可达数百朵，如作为切花用的小花种一枝花几十朵，数枝上百朵到数百朵，其花朵色彩鲜艳，形似飞翔的金蝶，又似翩翩起舞的舞女，故又名金蝶兰或舞女兰。

文心兰的花色以黄色和棕色为主，还有绿色、白色、红色和洋红色等，其大小有的极小,如迷你型文心兰；有些又极大，花的直径可达12厘米以上。花的构造极为特殊，其花萼萼片大小相等，花瓣与背萼也几乎相等或稍大；花的唇瓣通常三裂，或大或小，呈提琴状，在中裂片基部有一脊状凸起物，脊上又有凸起的小斑点，颇为奇特，故名瘤瓣兰。

3. 文心兰的花语是什么?

答：文心兰的花语是“美丽活泼”，宜赠女友，赞美她婀娜多姿、美丽活泼。同时宜在演出结束时献给舞蹈家。也可以作新娘捧花，多和常春藤与百合花搭配，寓意百年好合。

文心兰花语还有“乐天知命”、“隐藏的爱”等。

4. 文心兰的繁殖方式有哪些?

答：文心兰的繁殖方法有组织培养与分株繁殖。文心兰为复茎类洋兰，成株后都会长出子株，待子株有假鳞茎时剪离母株另栽即可。分株繁殖一般在开花后或春秋季进行。

5. 怎样进行文心兰的组织培养?

答：文心兰的组织培养较为容易，一般利用种子或茎尖、花穗等营养器官来进行繁殖。在种子培养中，采用3克花宝一号和2克胰蛋白胨及35克食用糖配制培养基，对其种子萌发效果较好。加入15%的椰子汁，能促进种子的萌发。文心兰的茎尖培养和花穗培养一般没有褐变，茎尖和花穗培养的最适初代培养基为1/2MS、改良KundsomC、V＆W培养基，或播种培养基均可，原则上不用激素。原球茎的继代培养，可采用相同的培养基，附加5%～10%的香蕉汁，或15%～20%的椰子汁。成苗培养可采用以上培养基或V & W培养基。

6.怎样选择文心兰的栽培品种？

答：常见的栽培品种有‘南茜’(‘Ramsey’)、‘甜香’(‘Sweet Fragrance’)、‘沃尔卡诺女王’(‘Volcano Queen’)、‘香水文心’、‘蜜糖’等。

7.文心兰如何选择适宜的栽培环境？

答：文心兰由于品种的性状差异大，栽培管理的方法也有较大的差异。一般而言，厚叶型的文心兰较喜温暖，生长适温18～25℃，12℃以下要防寒，较适合华南地区栽培。薄叶型的文心兰较喜冷凉，不耐高温，生长适温10～22℃，平地难适应，应在中海拔冷凉地区栽培，但冬季寒潮来时，也要放在温室中过冬。文心兰的花期不固定，只要植株成熟即可开花。

8.怎样选择文心兰的栽培设施？

答：文心兰最适宜的生长温度为18～25℃，空气相对湿度为75%～85%。光照强度为10000～25000lx。小苗生长量少，一般光照强度以5000～15000lx为宜。中大苗生长量大，一般光照强度以15000～25000lx为宜。荫棚不能太低，以4米高为宜，太低则影响通风效果。栽培架以0.6～1.0米为宜。

9.怎样为文心兰选择基质？

答：文心兰的大多数种类均采用盆栽。盆栽基质与栽培蝴蝶兰的基质相似。如水苔、碎蕨根、木屑、木炭、珍珠岩、碎砖块、泥炭土等。这些基质组合应用效果好，如以细蕨根40%，泥炭土10%，木炭20%，珍珠岩或蛭石20%，碎石或碎砖块10%混合调制效果好。种植时，要用碎石或碎砖垫花盆底部1/3左右，以利通气和排水。

10. 怎样为文心兰换盆？

答：栽培的花盆可用塑料盆、素烧盆、瓷盆等。栽培2～3年以上的文心兰，植株逐渐长大并长出小株，根系过满，要及时换盆。换盆通常在开花后进行，未开花植株，可选择在生长期限之前进行，如早春、秋后天气变凉时进行。栽培材料应一起更换，换盆可结合分株一起进行。

11. 文心兰如何确定适宜的光照？

答：文心兰的适宜光照与卡特兰相似，在栽培中应适度遮光，一般在夏季应遮去阳光的50%～60%，冬季遮去阳光的20%～30%。阳光太强，生长缓慢、植株短小并引起日灼病，最后叶片干枯，甚至整株植物死亡。如果荫蔽太多，光线不足，会使植株叶片生长不良，影响花芽分化，开花显著减少，有时甚至不开花。花茎抽出时，设立网架，加以支撑，防止花枝倾倒。

12. 怎样为文心兰浇水？

答：文心兰与大多数洋兰一样，都喜欢较高的空气湿度，但由于不同种类的文心兰株型相差大，对干旱的抵抗能力也不一样。没有假鳞茎的品种，抗旱能力差，因此要经常保持盆内的基质湿润，基质一干就要补充水分。冬季减少水分，有利于开花，气温在10℃以下时要停止浇水。在炎热的夏季，应在植株周围的地面、台架、道路和植株上喷水，以增加空气湿度，否则会影响其生长。同时，由于夏季气候炎热，温室内栽培文心兰，除保持相对较大的湿度外，还要保持良好的通风、透气，否则生长不良，也易发生腐烂。

13. 文心兰小苗如何进行肥水管理？

答：经过充分炼苗洗干净后，用沥干的水苔做基质，并定植于直径3厘米的塑料软杯中。定植后当天用65%好生灵1000倍液混合72%农用硫酸链霉素3000倍液喷洒防病。待盆中水草较干时，用清水浇水，使水草呈湿润状态。之后约15天开始有新根生长，可用彼得肥3000倍液浇灌，每周1次。

14. 文心兰应如何掌握换盆时机?

答：小苗经过3～4个月生长后，长至4～6个假鳞茎，根系密集，并有部分根长出盆外，此时应换盆。换盆时先将小苗脱盆，放于装有少量木炭块垫底的塑料盆中，再加适量木炭块于植株四周。当中苗经过5～6个月后，长至6～8个假鳞茎，根系将木炭块很好包住，此时应为中苗换盆。

15. 文心兰如何进行中、大苗肥水管理?

答：小苗、中苗换盆当天，应喷1次65%好生灵1000倍与72%农用硫酸链霉素3000倍混合液防病，定植后3～5天浇水1次。于夏秋季及干燥天气，应增加浇水次数，并每天加喷1次叶面水。冬季干冷天气每2～3天喷1次叶面水，6～7天浇1次透水。4～10月为文心兰生长盛期，此时每月还应间施1～2次彼得肥，防止植株徒长及提高抗病能力。此外，还应适当补充钙元素以增加叶片厚度。

16. 如何对文心兰进行花期调控?

答：文心兰花期不定，周年均可开花。但实际上由于春节前2个多月的气温偏低，造成大部分文心兰花期不能在春节应市。为使其花期刚好在春节应市，应于农历七月上旬，挑出次叶芽为2～5厘米的健壮植株放在一起管理，当次叶芽形成假鳞茎后，除日常管理外，每月加施1～2次5-11-26彼得肥或磷酸二氢钾，并于春节前2个月左右放于温室加温，可取得一定效果。

17. 文心兰如何进行病害防治?

答：文心兰病害主要有细菌性软腐病、细菌性叶斑病、疫病、炭疽病、赤斑病等。细菌性软腐病是文心兰的主要病害，梅雨季节及台风过后是其发病高峰期，高温、高湿、通风不良是其发病主要原因，进入秋冬季节，空气凉爽，软腐病较少发生。当发现有病株时，应先将其挑出及时销毁，防止病源传播，再用72%农用硫酸链霉素3000倍液、65%好生灵1000倍液、58%瑞毒霉800倍液、12%绿乳铜800倍液等轮换使用。细菌性叶斑病的防治方法与软腐病防治方法相似。防治疫病可用58%瑞毒霉800倍液或50%朴海因1500倍液喷雾。防治炭疽病和赤斑病可用70%甲基托布津800倍液或75%百菌清800倍液喷雾。

18. 文心兰如何进行虫害防治？

答：文心兰常见小动物害、虫害有蜗牛、蛞蝓、介壳虫、白粉虱等。

春夏多雨季节，蜗牛和蛞蝓经常活动，此时应定期撒石灰粉于兰园四周及栽培架支脚处，当发现有兰株被侵害时，应及时喷1000倍液澄清石灰水或投“蜗牛灵”等药饵诱杀。

当通风不良时常引起介壳虫害，可用800～1000倍液速扑杀或速蚧灵喷杀。白粉虱可用3000倍液扑风蚜或蚜虱消喷杀。

19. 文心兰如何防治圆斑病？

答：文心兰圆斑病主要发生在叶片上。病斑初期为黑褐色斑点，周围有水渍状晕圈，病斑众多；扩展后病斑呈圆形，黑褐色，凹陷；后期病斑萎缩，并出现灰黑色粒状物。

发病原因：为真菌性病害。病菌存活在土壤中及植株病残体上，多从植株根部随水侵入，输送到叶片上发病；也可借助风雨、浇水、气流等传播，直接从植株叶片气孔处侵染危害。在室内环境下可常年发病，土壤及植株带菌、植株生长衰弱、环境郁闭是发病的主要因素，自初花期至花凋谢后病害严重。

防治方法：

(1) 栽培用基质应严格消毒，可选用600倍液的五氯硝基苯杀菌剂多次喷洒基质，数日后使用。

(2) 文心兰对室内有害气体非常敏感，应加强室内通风，保持环境洁净。花期及花凋谢后应加强水肥供给，以恢复和增强生长势。

(3) 定期喷洒800倍液的代森锰锌、福美双杀菌剂。

六、石斛兰篇

1. 石斛兰是什么?

答：石斛，又名石斛兰，为兰科石斛属植物，是我国古文献中最早记载的兰科植物之一。由于花形、花姿优美，艳丽多彩，种类繁多，花期长，深受各国人民喜爱和关注，在国际花卉市场上占有重要的位置。当今世界上许多国家都有广泛栽培，尤以东南亚最盛，其中以泰国产量最大，另外，新加坡、马来西亚和我国台湾也有一定数量生产，主要出口国家有荷兰、德国、意大利、英国、法国和日本。菲律宾以自产自销为主。在亚洲，日本是石斛兰最大的进口国。

2. 石斛兰都有哪些别名?

答：石斛兰别名：石斛、石兰、吊兰花、金钗石斛。

3. 石斛兰的产地及分布情况如何?

答：产地及分布：中国、日本、朝鲜、泰国、越南、菲律宾、马来西亚等地有广泛分布外，澳大利亚、新西兰都有它的踪迹。我国南方发现有它的原生种60多种，其中广东占25种，在海南岛白沙的森林里还发现有唇瓣呈乳黄色的“金钗石斛”名种。现各地温室有栽培。有一定应用前景。

4. 我国什么时候开始培育石斛兰？

答：我国规模化生产石斛时间较短，主要从20世纪90年代初才开始。虽然起步晚，但发展速度很快。至今，在广东、云南、福建等地均有一定规模的生产基地，在盆花和切花生产方面，基本上能满足国内市场的需求。

5. 石斛兰的花语是什么？

答：石斛兰的花语是任性的美女。石斛兰赠花礼仪：把切花装入颜色淡雅的礼品盒，仔细地包上玻璃纸，结上宽幅的缎带。

6. 石斛兰的形态特征是什么？

答：石斛兰为多年生落叶草本。茎丛生，直立，上部略呈回折状，稍偏，黄绿色，具槽纹。叶近革质，短圆形。总状花序，花大、白色，顶端淡紫色。落叶期开花。

7. 石斛兰主要有哪些颜色？

答：石斛兰有白、桃红、红、黄、绿等颜色。

8. 石斛兰都有哪些主要品种？

答：常见栽培品种有‘凯布1号’(‘K.B.No.1’)，花白色。‘大熊猫1号’(‘Big PandaNo.1')，花红色。‘粉色钻石’(‘Pink Thamond’)，花粉红色。‘王朝’(‘Dynasty’)，花粉红色。‘泰国白’(‘Thailand White’)，花白色。‘萨宾’(‘Sabin’)，花粉红色。‘索尼亚’(‘Sonia’)，花红色。‘白

塔'('White Tower')，花白色。'蓬皮杜夫人'('Madame Pompudoaur')，花紫红色。'凯萨'('Ceasai')，花复色。最近，荷兰又推出石斛新品种'奇约尼星团'（'Stardust Chiyoni'），花黄色，多茎型，早春开花。

常见同属观赏种有密花石斛(*D. densiflorum*)，花金黄色，唇瓣橙黄色。白花石斛(*D. nobile* 'Albiflorum')，花白色，唇瓣中心深褐色。华丽石斛(*D. superbum*)，花淡紫红色，唇瓣紫红色。偏向石斛(*D. secundum*)，花淡紫红色，唇瓣橙黄色。聚伞石斛(*D. thyrsiflorum*)，花白色，唇瓣金黄色。蝴蝶石斛(*D. phalaenopsis*)，花玫瑰红色。

9. 石斛兰主要的生物学特性有哪些？

答：石斛在我国分布于华南、西南等地区。常附生于海拔480～1700米的林中树干上或岩石上。喜温暖、湿润和半阴环境，不耐寒。生长适温18～30℃，生长期以16～21℃更为合适，休眠期16～18℃，晚间温度为10～13℃，温差保持在10～15℃最佳。白天温度超过30℃对石斛生长影响不大，冬季温度不低于10℃。幼苗在10℃以下容易受冻。

石斛忌干燥、怕积水，特别在新芽开始萌发至新根形成时需充足水分。但过于潮湿，如遇低温，很容易引起腐烂。天晴干热时，除浇水外，要往地面多喷水，保持较高的空气湿度。常绿石斛类在冬季可保持充足水分，但落叶类石斛可适当干燥，保持较高的空气湿度。

石斛野生在林中，但栽培上还是比较喜光，夏秋以遮光50%、冬春以遮光30%为宜。光照过强茎部会膨大、呈黄色，叶片黄绿色。但日照充足，秋季开花好，开花数量多。

土壤宜用排水好、透气的碎蕨根、水苔、木炭屑、碎瓦片、珍珠岩等，以碎蕨根和水苔为主。

10. 石斛兰喜欢什么样的温度条件？

答：石斛原产于热带、亚热带及温带高海拔山地森林，依靠众多强壮的气生根附生于大树枝干上，长期的自然环境养成了喜光照、耐低温、喜通风透气良好环境的生长习性。与大花蕙兰同为最耐低温的一类兰花，生长开花的适温范围10～30℃，既能忍耐冬季2～3℃的低温，也能忍受夏季30℃以上的高温，过高或过低的温度会使植株生长受抑，部分叶片受害。

11. 石斛兰喜欢什么样的湿度条件？

答：有空气湿度和基质湿度两方面。与其它兰类植物不同，春石斛幼苗移植后3天内严禁浇水，15天内少浇，保持盆内基质干燥，15天后才逐渐增加浇水量。须使用疏水基质如椰丝、松树皮、水苔等，一般早上浇水后，下午基质能干透为宜。夏季高温期内每天浇水1次，其它季节2～3天1次。盆内严禁积水，花期适当控水，有利于花芽形成和刺激开花。另外，植株喜欢在高湿度、通风良好的空间环境下生长。

12. 石斛兰喜欢什么样的光照条件？

答：石斛属喜光兰花，营养生长期光照强度为30000～40000lx，开花期可达40000～50000lx。光照充足时叶片宽厚有光泽，叶色黄绿，植株生长茂盛，花色艳丽，花期延长；光照不足则植株徒长，叶片细长嫩薄，叶色转浓绿，长势减缓，易发生病虫害。夏季高温期需光50%，其它季节20%～30%，冬春季开花期保持弱光照有利开花品质。

13. 石斛需要什么样的通风条件？

答：石斛为附生兰，长期的自然环境养成了既喜湿润又忌积水的生长特性，生长环境通风透气良好，有利于降低植料和植株的过量湿度，防止过高室温，气体交换可保持室内或棚内的CO_2水平，保证植株光合作用的正常进行。另外，清新干净的空气，有利于春石斛的生长发育。

14. 石斛兰的放置位置有什么要求？

答：放置场所应避免直射日光，置于温度稍高处。石斛兰可在室外栽培，室内则要有充分的日照进来。石斛兰原本生于树干上，极爱通风，吊挂栽培较好。

15. 石斛兰通常分为哪几类？

答：石斛兰按生长开花习性分为两类：一为春石斛，即Nobile系列，春季开花，花梗在两侧茎节抽出。另一类为秋石斛，花在秋季开，花梗由茎顶抽出，每梗着花可达一二十朵，花型有大花蝴蝶兰型和小花卷瓣型。石斛兰本质野性强，对环境适应力好，繁殖力强，所以栽培很普遍。

16. 石斛兰的常见繁殖方法有哪些？

答：常用分株、扦插和组培繁殖。

17. 怎样进行石斛兰的分株繁殖？

答：春季结合换盆进行。将生长密集的母株，从盆内扣出，少伤根叶，把兰苗轻轻掰开，选用3～4株栽15厘米盆内，有利于成型和开花。分株法可在秋季进入休眠期时进行，用利刀将大丛植株分割成每丛带有2～4个老枝的植株，即可直接定植。

18. 怎样进行石斛兰的扦插繁殖？

答：选择未开花而生长充实的假鳞茎，从根际剪下，再切成每2～3节一段，直接插入泥炭苔藓中或用水苔包扎插条基部，保持湿润，室温在18～22℃，插后30～40天可生根。待根长3～5厘米盆栽。

19. 怎样进行石斛兰的组培繁殖？

答：常以茎尖、叶尖为外植体，在附加2，4－D0.15～0.5毫克/升、6－苄氨基腺嘌呤0.5毫克/升的MS培养基上，其分化率可达1：10左右。分化的幼芽转至含有活性炭、椰乳的MS培养基中(附加2，4－D和6－苄氨基腺嘌呤各0.1毫克/升)，即能正常生长，形成无根幼苗，将幼苗转入含有吲哚丁酸0.2～0.4毫克/升的MS培养基中，能够诱导生根，形成具有根、茎、叶的完整小植株。

20. 怎样进行石斛兰的栽培管理？

答：盆栽石斛需用泥炭、苔藓、蕨根、树皮块和木炭等轻型、排水好、透气的基质。同时，盆底多垫瓦片或碎砖屑，以利于根系发育。栽培场所必须光照充足，对石斛生长、开花更加有利。春、夏季生长期，应充分浇水，使假球茎生长加快。9月以后逐渐减少浇水，使假球茎逐趋成熟，能促进开花。生长期每旬施肥1次，秋季施肥减少，到假球茎成熟期和冬季休眠期，则完全停止施肥。栽培2～3年以上的石斛，植株拥挤，根系满盆，盆栽材料已腐烂，应及时更换。无论常绿类或是落叶类石斛，均在花后换盆。换盆时要少伤根部，否则遇低温叶片会黄化脱落。

21. 怎样进行石斛兰组培苗植前炼苗？

答：春石斛瓶苗出瓶移植前，将其置于室外阴凉、通风、透光处(阳台、走廊、树荫、遮光大棚等)锻炼15～20天，出瓶前3天将瓶塞(盖)打开，经一段时间的室外炼苗，使瓶苗逐渐适应室外的气候条件，有利于移植成活率的提高。

22. 怎样为石斛兰组培苗进行根部消毒？

答：小心用镊子将小苗从瓶内取出，自来水冲洗附着根基部上的培养基残留物，转入好生灵或百菌清1000倍水液浸泡消毒20分钟，晾干待栽种。

23. 怎样为石斛兰准备栽培基质？

答：椰丝、椰糠、椰衣块、枯树枝、水苔等均可作为石斛兰的栽培基质。对比试验表明，以椰丝、椰糠结合使用效果最好。用前先将其浸泡水中2～3天进行除涩处理，这样更有利于根部生长。

24. 怎样进行石斛兰组培苗栽植？

答：将消毒晾干的瓶苗幼根用椰糠包裹，外层用椰丝包紧，置入5厘米塑料花盆，再用椰丝填紧盆边。植后2～3天内不淋水，30天内晴天时每隔1天喷淋1次水，水量不宜过多，早上淋水。期间勿施肥，待小苗恢复正常生长后，才开始常规的水肥管理。

25. 石斛兰有哪些生长要求？

答：生产大棚应建于空气清新、水质干净、通风良好、周围无污染源（废气、废水）的地方。小苗应放在离地面60～70厘米的铁架上。夏季高温期须遮光50%，冬季全光照，其余季节遮光30%。

26. 怎样为石斛兰浇水？

答：选用井水、地下水和放置过夜的自来水。水质清洁，酸碱度(pH值)微酸至中性(6～7)，过酸过碱都会对小苗生长产生不利影响。浇水时间在早上进行，水量以下午18：00盆内基质基本干透为宜，严忌盆内经常处于积水潮湿状态，待基质干透后再淋水。夏季高温期每天淋1次水，其它季节2～3天淋1次，具体操作视天气和基质干湿情况而定。花芽分化至开花期要适当控水，减少浇水量。

27. 怎样栽种石斛兰？

答：小苗用细蛇木屑或与水苔混合栽培，成株用通气良好的植料，春石斛多用混合植料，排水良好即可。因春石斛茎头细小，茎条粗，所以要特别注意扶正绑好。秋石斛用较粗的蛇木或蛇木块就可栽培。

28. 怎样为石斛兰施肥?

答：石斛兰新芽成长期(春夏季)要施较多氮肥，在芽株长高后，就要改用磷肥含量高的肥料，加强茎部肥大，再用钾肥促进开花。到假球茎成熟期或冬季休眠期，应停止浇肥。

苗期多使用全效肥800～1000倍水液，如花多多、复合肥(N:P:K=20:20:20)，根据兰科植物生理特性，采取“少量稀释”的施肥方法，一般7～10天喷施1次，过量易产生肥害。春季以高氮、钾肥为主，以促进新芽、新叶的生长和假鳞茎的增粗，6～12月份以高磷、钾肥为主，以促进花芽分化、花蕾发育，提高开花品质以及提高耐病虫能力。开花期和冬季休眠期停止施肥。施肥一般在上午进行，植株在气温22～28℃时吸收效果最好，可将农药混合肥水同时喷施。

29. 怎样促进石斛兰开花?

答：春石斛茎叶生长至9月中旬封顶，转入生殖生长，即花芽分化期，植株需要在低于13℃的低温下累积400小时，花芽才能分化完成。此时(9～12月)南北各地只有高海拔地区的夜温能够达到这一温度范围，所以一般在9月下旬，将春石斛封顶的成熟植株移至1000米左右海拔高度的山区，进行低温春化栽培处理，12月中下旬下山。值得注意的是，此时两地气温应较为接近，温差最好不超过10℃，因为春石斛花芽生长与其它兰花不一样，当升温幅度超过10℃，或是温度升至28℃以上情况持续7～10天，植株会产生“回芽”现象，即已萌动的花芽逆转为叶芽，这点一定要格外小心，如11～12月份山下气温还较高时，可推迟下山，已下山的植株要放在控温大棚内处理，防止“回芽”发生。

30. 怎样进行石斛兰的花期管理?

答：9～12月的高山低温栽种期，即春化阶段，要减少淋水量，适当控水，1天1淋改为3天1淋。增施磷肥，开花期间停肥。增加光照，有利于花芽分化和伸长的顺利进行，叶片和假鳞茎粗壮耐病，提高花朵品质，延长开花时间。

31. 石斛兰在哪些场合使用？

答：石斛花姿优美，色彩鲜艳，盆栽摆放阳台、窗台或吊盆悬挂客厅、书房，别具一格。在欧美常用石斛花朵制作胸花，配上丝石竹和天冬草，具有欢迎光临之意。至今，广泛用于大型宴会，开幕式剪彩典礼，享受贵宾待遇。在许多国家把石斛作为每年6月19日的父亲节之花，可能是石斛兰具有秉性刚强、祥和可亲的气质吧。

32. 怎样防治石斛兰肥害？

答：施肥超量，浓度过高，或次数太频，导致烧根，即根部变黑，小苗生长缓慢，叶梢发黑，最后全株枯萎死亡。

补救措施：应立即停肥，并用大量清水清洗植株根部和盆内基质，使其降低肥料浓度。

33. 怎样防治石斛兰水害？

淋水次数过频，水量太多，水质不良，淋水时间不适当，盆内积水，或根系未充分舒展，种植过深或过浅，长时间处于高温、高湿状态，都会导致根系发黑，基部水渍状腐烂，散发阵阵难闻的气味，叶片出现黑斑，最后植株生长停顿，叶片变黄枯萎，进而全株死亡。

防治措施：

(1) 严格控制淋水量和淋水时间，改换水源或对水质进行处理；

(2) 更换植料，夏季高温、高湿季节增盖遮荫网，增加棚(室)内的通风透气性，防止盆内长期积水。

34. 怎样防治石斛兰斑点病？

答：叶部发病初生褐色的小斑点，小斑点扩大，中心部坏死，呈灰褐色，直径5～10毫米，老病斑表面出现小黑点。受害叶变黄而落叶，但品种间有差异，春石斛系(Nobile)有落叶较重的倾向，生长发育显著不良。

病原为石斛壳月孢*Selenophoma dendrobii* Abiko。属真菌半知菌类。生长发育温度5～30℃，25℃左右为生育适温。

传染途径：主要为分生孢子通过空气传染。春至秋季发生较多，一般在中位及下位叶发病。

预防及治疗：

(1) 及时摘去病叶，并处理；

(2) 药剂防治：发病初期喷洒75%百菌清可湿性粉剂600倍液，或50%扑海因可湿性粉剂1500倍液，40%克菌丹可湿性粉剂400倍液，或70%乙膦·锰锌可湿性粉剂500倍液，或50%甲基硫菌灵可湿性粉剂500倍液，隔10天左右1次，连续喷2～3次。

35. 怎样防治石斛兰炭疽病?

答：种植过密、通风不良、水分失调或机械损伤等都易感病。初期叶片产生褐色凹陷小点，以后扩大成圆形或不规则病斑，严重时病斑中央有坏疽现象。

预防及治疗：

(1) 合理密植，增加光照，改善通风排水条件；

(2) 培养壮苗，勿经常搬动植株，以免人为损伤感病；

(3) 切去病叶片，用百菌清或多菌灵1000倍水液，涂抹植株叶片伤口；

(4) 每周喷施1次甲基托布津或多菌灵1000倍水液。

36. 怎样防治石斛兰软腐病?

答：春夏季高温多湿，通风不良，过量施用氮肥时较易发生此病害。初期由细菌侵入叶片或心叶产生水渍状病斑，迅速扩大、含水多，后期发生恶臭，病叶变黄而脱落，全株软腐而死。该病传染极迅速，必须尽快防治。

预防及治疗：

(1) 改善生长条件，增加通风，降低温度和湿度；

(2) 切除感病部位，用抗生素粉剂涂抹，1周不浇水，可阻遏该病蔓延；

(3) 采用链霉素1000倍水液，石硫合剂或波尔多液500倍水液，每周喷洒1次。

37. 怎样防治石斛兰叶枯病?

答：叶梢产生黑色小斑点，逐渐扩大成不规则病斑，病斑周缘形成黑褐色，中间呈淡灰褐色，严重时蔓延整个叶片，最后枯萎落叶。

预防及治疗：

(1) 切除病叶，喷施甲基托布津或好生灵1000倍水液；

(2) 感病植株应遮避雨水或暂停淋水，防止病情加重；

(3) 每周喷施喷洒1次好生灵1000倍水液，以作预防。

38. 怎样防治石斛兰介壳虫?

答：介壳虫是兰花最常见的害虫，分为两大类，一类为黑褐色硬壳种，另一类为白粉状种。常附着于茎或叶片背面吸食汁液，致使生长受阻，叶绿素被破坏，产生大量微凹的淡黄色斑点，严重时导致落叶，全株枯萎死亡。

预防及治疗：

(1) 初期量少时用手或毛刷刷除，注意勿伤及植株；

(2) 每周喷施1次速灭松、氧化乐果等药1000倍水液；

(3) 盆内使用地蜜，亦可长期防治。

39. 怎样防治石斛兰红蜘蛛(螨类)?

答：红蜘蛛个体极小，常聚生在叶背吸食汁液，造成表面银白色或白色斑点。严重时叶背可发现丝网。红蜘蛛在高温干旱的环境下较易产生，气温高于24℃以上，进入快速繁殖期，一般杀虫剂无法杀死，必须使用杀螨剂。

预防及治疗：

(1) 夏秋季高温干旱期，经常观察兰株叶背，发现红蜘蛛危害时应立即消灭；

(2) 使用三氯杀螨醇1000倍，杀螨利果2000倍，速灭螨1500倍，每周喷施一次，连续使用3～4次。

40. 怎样防治石斛兰蜗牛和蛞蝓？

答：蜗牛有壳，蛞蝓无壳，均为杂食性软体动物。喜食兰株幼嫩组织，如嫩叶、新芽、根端、花蕾、花瓣等，造成不规则的伤痕和洞穴。二者爬过的地方，通常都留有光亮而透明的黏液痕迹，发现时应及时防治。

预防及治疗：

(1) 清理栽培环境，除去堆积物如杂草、砖块、砾石、树木枝叶等，减少隐蔽物和潮湿环境，杜绝生长繁殖场所；

(2) 使用螺粉、杀蜗剂加以诱杀；

(3) 用6%聚乙醛粉剂散施在出没的地方，二者爬过触及即死亡。

41. 怎样防治石斛兰跳虫？

答：石斛兰跳虫，又称烟灰果、弹尾虫，幼虫白色，成虫银灰色，体长1～1.5mm，有短状触须，无翅，3对足，尾部有弹跳器，可跳3～5m高，小型低等昆虫，环境过湿时极易大量发生，咬食植物根系、嫩芽。

预防及治疗：用除尽、三氯杀螨醇等药剂防治。

42. 怎样防治石斛兰蓟马？

答：蓟马主要咬食花芽、叶芽。幼虫期主要出现在栽培基质中，这个阶段它不咬食植物，所以很难被发现。

预防及治疗：超常规地全面彻底喷药，所有植株及植株周围地面、铁架等都要喷药，用药同跳虫。

七、拖鞋兰篇

1. 拖鞋兰的名称来源是什么？怎样分类？

答：因其形状似拖鞋而得名，一般分绿叶种与斑叶种两大类。

2. 围绕拖鞋兰有些什么样的传说和故事？

答：据说上帝有7个非常漂亮的女儿，当她们知道人间某个富翁的家里有种满奇花异卉的花园之后，每天下午沐浴完，便趁着父母亲不注意之际，穿着长长的睡袍和美丽的拖鞋，偷偷地溜到富翁的花园里玩耍，直到上帝要关上天门时，才匆匆地赶回天庭。

最初，花园中盛开的百花和碧绿的小草，都展开笑颜迎接这些漂亮的仙女，而七仙女也尽情地欣赏美景和玩乐，彼此相处愉快。渐渐地，她们便露出顽皮的本性，在花园里捉迷藏，蹦蹦跳跳地，花草被她们践踏得垂头丧气，很是生气。一天，花草们趁最小的仙女不注意时，故意将她绊倒，且将她的拖鞋藏在兰花的怀里，伪装成花瓣，仙女们遍寻不着，不得不在天门关闭之前赶回。回到天庭，在妈妈的追问下，她们终于道出了实情，也因此被禁止下凡人间，花园里的花草们从此恢复生机。至于小仙女的拖鞋，则始终留在兰花的花瓣上，且逐渐变成了有趣的拖鞋兰。

3. 拖鞋兰分布在哪些地区？

答：拖鞋兰的原产地分布极为广阔，从印度北部高山延伸至中南半岛，菲律宾群岛，印度尼西亚群岛至新几内亚岛，以及中国南部均有其踪迹。大部分生长于海拔1000～1500米的山林中，有少数低于海拔800米以下。大多数是地生性，极少数为附生性。

4. 拖鞋兰的生活习性和基本特点是什么？

答：拖鞋兰花型特别，花期可长达1～2个月。喜欢阴凉环境，温度保持于13～32℃，不太喜欢根部过湿，否则易引起根腐。保持光线充足，但不能置于烈日下暴晒。

平日管理只需基质干后再浇水，保持微湿便可，可经常喷雾于植株。可施用粒状缓释肥，每2～3个月放适量于盆边，而每半个月施用“速滋”或“保康”兰花肥一次，肥量以淡薄为主，以防发生肥害。

因拖鞋兰属于地生兰，故基质方面以水苔、芒骨、兰石等混合为佳，种植后要稍微压紧，淋透植株后放于通风阴凉处。

花凋谢后，将旧花梗剪去，待新芽成长。一般来说，1年可开1～2次或续花性。

一般拖鞋兰花季约在春至秋季间，最好在开花后或春、秋季进行换盆或分株。

5. 怎样进行拖鞋兰的环境控制？

答：总的要求是：热些不要紧，要湿度高些、通风好些的环境。

大部分的多花绿叶种拖鞋兰，可以忍受较高的温度，冬天的寒流也不是问题，海拔高些、夜温低些的环境最佳。其实，拖鞋兰对湿度和温度(特别是夜间温度)很敏感，夏天宁可凉些而牺牲光线，冬天准备开花株使其接受强光即可。如果有遮光网架，夏天白天温度不超过35℃，那么只要想办法增加湿度就可以了。但如果您的环境温度过高，又较不通风，则必须从加湿和通风两方面着手改善。例如，用加湿机和抽风机，或者用塑料布搭一间简易水墙温室等，都可以达到降温、加湿、通风的目的。需要注意的是：电风扇不要直接吹植株，风力太强会使叶尖干枯。而水墙温室虽然最理想，但是消耗的能源较多，还必须考虑停电时的问题，相对花费的金额也较高。

6. 组培拖鞋兰如何出瓶？

答：拖鞋兰的瓶苗大都装在三角锥瓶里，出瓶时可以将玻璃瓶打破。方法是先将橡皮塞打开后，瓶里装满水，再塞回橡皮塞后稍微压紧，如此瓶内的水压会使打破的玻璃向外扩散，不会伤害到苗株。如果要敲碎玻璃瓶，可拿一把有尖端的铁锤，从玻璃瓶的底部与立面相交的弧角选一处根部较少的空隙，用铁锤尖端敲击。

整个培养基(包含苗株)拿到水压较强、且有莲蓬头的水龙头下冲洗，大部分的培养基会被冲洗掉。然后用镊子将根部缠在一起的苗株分开，利用镊子尖端的弹性，轻轻地弹开紧靠或交叉的根部。求快的方法是：遵循每棵苗株只要有1～2条较完整的根(有根尖)，其它的只要有些长度，断了也不要紧的原则即可。

7. 怎样选择拖鞋兰的栽培容器？

答：苗株拆解完成后就可马上种植。可采用6厘米的半透明软花盆，外面再加套一个同厂牌、同规格的黑色软盆，作用是可随时观察根部发育，并防止长青苔。

8. 怎样选择拖鞋兰的栽培基质？

答：栽培基质可以采用中小型树皮、细日本兰石、蛇木屑和保绿人造土(约2:2:2:1)混合后使用。树皮要选质地较硬者，不然很快会腐化成泥，不曾用过的厂牌，最好要先试验一段时间才全面使用。如果不用树皮，代替的材料可用细日本兰石、蛇木屑、保绿人造土(约2:3:少于1)。

9. 拖鞋兰苗株种植到花盆里后如何管理？

答：刚出瓶种植好的苗株，应放置在光线较暗、湿度较高的地方，让其慢慢恢复，因为湿度不够往往容易脱水。恢复期一般为3～4个星期，这段期间内不会生长，但其叶子质地逐渐变厚(硬)。从其开始生长第一片新叶算起，约2个月后即可施肥。但若放置苗株的环境不理想，导致植株脱水(叶子变软、变薄出现皱纹)，再恢复就需数倍的时间，可用加湿机每隔一段时间喷几分钟。刚买的山采株也是如此，采用上述方法，恢复率几乎达95%。

10. 如何保证拖鞋兰拥有适宜的湿度？

答：因拖鞋兰是地生兰，所以需要湿一些的基质，既需要湿、又需微透气的习性，是拖鞋兰管理的窍门所在。

植株的大小对水分的需求也有些不同，苗株的水分需求最高，同时需要稍微透气些；如果栽培材料的孔隙大了一点，生长就不佳，尤其因为使用6厘米花盆，从各个角度来看花盆的中心点(最不透气的地方)，距离透气孔或花盆顶端不到2厘米，材料可用稍湿些。冬季（11月至翌年2月）3天浇1次水，其余时间2天浇1次水。花盆越大容积越大，中央部分离透气孔较远。有的做法是拿电子烙铁在花盆底部的正中央挖2～3个孔，再拿一个旧的软盆或免洗杯(尺寸视情况)，其底部和周围也用烙铁挖几个孔，再把软盆倒扣于花盆底部的正中央，增加中央部分的透气性，并且花盆内的栽培基质干湿较为平均。不要在花盆外围挖孔，因为根部都向花盆外围发展，而拖鞋兰不是气生兰，外围有孔的地方，根部不会朝其附近生长(表示它亦不喜欢太透气)。

11. 拖鞋兰换盆时为什么要尽量用小盆？

答：拖鞋兰换盆时只要根部容许，花盆尽量用小的，而不要故意用大盆。并尽量在8厘米花盆中令其成长至中苗以上，那么以后生长会十分顺利。因为如果进入9厘米花盆时苗株还小的话，水分需求高，那么材料用孔隙粗一点的话生长不顺利，材料用湿一点(例如上述6厘米花盆时的基质)的话，因为花盆容积大，透气性差，较易烂根。用大盆种小株时，会造成管理上的困难，失败率增加。

12. 怎样观察拖鞋兰植株的发育状态？

答：如果叶子一片比一片长大，表示植株发育良好，若非如此，则可能是因为夏天天气炎热，发育稍微迟缓；等秋天到，则新叶长得更大。表示这个品种对您的栽植环境、基质、水肥管理相当适应，它将很快开花回报您。

但若新叶比前面的叶子缩小许多，表明其根部可能已经腐烂。这也是用透明花盆观察其根部的原因。

拖鞋兰根部对材料的新鲜与否很敏感(越难种的越敏感)，越新鲜的材料，其根部发育越好，必须勤于换盆，尤其是中苗以前，每年最好换一次材料(再次提醒您花盆不要随意换大)。

13. 拖鞋兰怎样使用有机肥？

答：拖鞋兰使用有机肥的原则是：(1) 换盆约2个月后开始置放。(2) 出瓶的苗长完第一片新叶，而第二片新叶开始生长以后。(3) 较虚弱的植株或烂根过而换盆的植株，等它的根多长几条后再置放肥料。(4) 平常则于春季(约 2 月)和秋季时(约10月中旬)置放。

14. 如何控制拖鞋兰的光照？

答：多花绿叶类拖鞋兰可接受的光线范围非常大，可由弱光(上面4层50%遮光网)到强光(单层70%遮光网)。由于拖鞋兰在意温度，因此夏天可降些温度而使环境光线弱些，尤其是中苗以前，若光线强，则其叶子质地会较硬，生长较慢，这点要引起注意。需要强光的是准开花株，若光线不足，则花季时开花株的花朵颜色会较浅。而多花类拖鞋兰的花季多为春天，从其花芽分化时起(约11月初起)令其接受强光(用单层60%～70%的遮光网)，那个时候刚好是冬天，没有温度的顾虑。

15. 怎样防治拖鞋兰软腐病?

答：在夏、秋季高温多湿、通风不良环境，又施用氮肥过量时，较易发生此病。最初由细菌侵入叶片产生水浸状病斑，迅速扩大含水，用手轻压即破裂，后期发生恶臭，病叶变黄而落叶，全株软化腐烂而死。此病传染极迅速，必须尽快防治，防止蔓延到其它兰株。

预防及治疗：软腐病是一种细菌，栖息于土中，所以如果没有锰乃蒲等药剂，几乎完全无效。软腐病是从植物的伤口入侵，没有伤口就不会入侵，因此要尽量避免植株受伤。目前无有效对付软腐病的药剂，只能采取预防，应从5月起，每隔1个月喷洒链霉素，铜水合剂。一旦发现软腐病植株，就应立刻拔出烧毁。

16. 怎样防治拖鞋兰炭疽病?

答：此病是拖鞋兰的严重疫病，通常发生于没有遮雨设备的露天兰园，种植太密、通风不良、水分失调或有受伤的伤口，病原容易侵入发生。患病初期叶片产生褐色凹陷、斑点，以后扩大成圆形或不规则病斑，严重时病斑中央有坏疽现象，很难根治，购买时应注意植株有无此种疫病。

预防及治疗：种植不要太密，光照、排水、通风需良好。养成健壮植株，不要晒伤，加装遮雨设备。切除患部，用大生粉、多保净药剂，发芽前先喷石灰硫磺合剂，不要施用太多氮肥。

17. 怎样防治拖鞋兰苗立枯病?

答：该病是拖鞋兰瓶苗出瓶的最大敌人。刚出瓶时，幼苗在接近地面的地方发生类似渗水的现象，然后由此部位变细而倾倒，最后枯死，受害的速度极快，若不采取措施，整批幼苗很快枯死，尤其在高温多湿的季节。

预防及治疗：如果发现有此病症，立刻用立枯宁及达克宁等药剂治疗。在瓶苗出瓶时，最好在种植完成后，先用上述两种药剂进行预防。如果空间允许，瓶苗最好单株种植，以免大范围传染，造成损失。

18. 怎样防治拖鞋兰叶枯病？

答：拖鞋兰发病时，叶尖突然变成褐色干枯掉，而发病部位会一直向内侵蚀，直到整个叶子掉落。此病传染性不强，不过发病之植株不易治疗，如果植株根部发育正常，就会渐渐痊愈。

预防及治疗：此病通常发生在根部有障碍的植株，因此避免根部的腐烂是预防本病的不二法门。如患此病，可用治疗炭疽病的药物加以控制。

19. 怎样防治拖鞋兰百拉斯病？

答：百拉斯病可以说是兰花中的“癌症”。百拉斯是一种过滤性病原体(VIRUS)，这种病毒不但会传染，而且会一代一代遗传下去，目前没有有效的根治方法。发病特征为叶面和叶背同一部位皆显现黄色的斑点，并不规则，有些染病部分十分微小，难以察觉。最初叶面凹陷，继而叶背也凹陷。在灯下或强光下可见凹陷部分的不正常皱缩。

预防及治疗：百拉斯病源于空气不流通，气温居高不下。所以百拉斯病被称为“高热病”。有些化学肥料也会促成这种病毒，当然还涉及到其它因素和栽培方法。从另一病株接触传染而来是最主要的原因。通常叶子和叶子的摩擦造成接触传染，刀剪等工具未经消毒，含有病菌的刀剪，会使植株受感染。所以每剪过一株兰花，必须用火烧刀剪，做彻底消毒。发现患此病毒的植株，应立刻烧毁，以免危害温室中健康植株。

20. 怎样防治拖鞋兰介壳虫害？

答：介壳虫是兰花常见的害虫，种类不少，可分为两大类，一类是有黑褐色硬壳者，另一类呈白粉状。有硬壳的介壳虫常附着在茎或叶背上吸食汁液，使生长受阻，叶绿素遭破坏，产生微凹的淡黄色斑点，严重时导致落叶，全株枯萎死亡。粉介壳虫表面呈白粉状，移动性较大，植株各部位均有可能寄生，吸食汁液又分泌蜜汁，招引蚂蚁传染真菌病害。

预防及治疗：量少时用手或毛刷刷除，注意勿刷伤植物体。粉介壳虫刚发生时，可用棉花棒沾酒精触杀虫体。用渗透性高的农药喷洒，如马拉松、大灭松、速灭松等。使用药剂时应注意安全，此类药剂毒性强。

21. 怎样防治拖鞋兰红蜘蛛危害？

答：红蜘蛛虫体极小，必须用放大镜才容易看到。通常发生于温室。干燥高温的温室中，常聚生在叶背，吸食汁液，造成表面银白色或白色斑点。严重时叶背可发现丝网，喷水时水滴附着在上面会反光，但也有不吐丝结网的红蜘蛛。红蜘蛛在干、热的环境下较易产生，24℃以上能快速繁殖，一般杀虫剂无法杀死，必须使用杀螨剂消灭。

预防及治疗：时常观察兰株叶背，有危害情形立即消灭。提高温室湿度，可减少发生率，如发现时可用各种杀螨剂喷洒，如总无螨、速灭螨等药剂，每周喷施1次，连续3次，方可达到效果。使用药剂时应注意安全，此类药剂毒性强。

22. 怎样防治拖鞋兰蜗牛、蛞蝓危害？

答：蜗牛、蛞蝓都是杂食性软体动物，蜗牛有壳，蛞蝓无壳，两种很相像，喜欢吃食植物幼嫩组织，如嫩叶、新芽、根端、花蕾、花瓣等，造成不规则伤痕或洞穴。蜗牛有数种，体型有大有小，天气太干燥或冬天太冷，就会呈休眠状态，春暖后即恢复活动。天气太干燥时，蛞蝓常常会死亡，或缩小躯体藏在土中渡过难关，待潮湿时再外出觅食。它们喜爱阴湿有遮蔽的环境，夜晚或阴雨潮湿的白天才能看到它们出没。蜗牛和蛞蝓爬过的地方，通常都留有光亮而透明的黏液痕迹，发现时应防治。

预防及治疗：清理栽培环境，除去堆积物如杂草、砖瓦砾、树木枝叶等，减少隐藏场所。使用六聚乙酸粒剂、杀蜗剂加以诱杀。量少时，可于晚间其出来觅食时捕杀。蜗牛、蛞蝓有一项特性，就是爱喝啤酒，所以可以把啤酒放于温室中，引诱其进入啤酒中溺死。

文心兰

蝴蝶兰

大花蕙兰

养花专家解惑答疑

1

蝴蝶兰

迷你文心兰

大花蕙兰‘红霞’

文心兰

卡特兰

卡特兰

大花蕙兰‘爱神’

万带兰

万带兰

彩云兜兰

兜兰

兜兰

兜兰

蝴蝶兰

蝴蝶兰

蝴蝶兰

卡特兰　卡特兰

卡特兰　卡特兰